BIBLIOTHÈQUE DU CULTIVATEUR
PUBLIÉE
AVEC LE CONCOURS DU MINISTRE DE L'AGRICULTURE

LE CHEVAL

L'ANE ET LE MULET

EXTÉRIEUR, RACE, ÉLEVAGE, ENTRETIEN, UTILISATION, ÉQUITATION, ETC., ETC.

PAR
LEFOUR
INSPECTEUR GÉNÉRAL DE L'AGRICULTURE

DEUXIÈME ÉDITION
ILLUSTRÉE DE 192 GRAVURES

PARIS
LIBRAIRIE AGRICOLE DE LA MAISON RUSTIQUE
26, RUE JACOB, 26

LE CHEVAL

L'ANE ET LE MULET

TYPOGRAPHIE FIRMIN DIDOT. — MESNIL (EURE).

BIBLIOTHÈQUE DU CULTIVATEUR

PUBLIÉE

AVEC LE CONCOURS DU MINISTRE DE L'AGRICULTURE

LE CHEVAL

L'ANE ET LE MULET

Extérieur, Races, Élevage, Entretien, Utilisation Équitation, etc., etc.

PAR

LEFOUR

INSPECTEUR DE L'AGRICULTURE

QUATRIÈME ÉDITION

PARIS

LIBRAIRIE AGRICOLE DE LA MAISON RUSTIQUE

26, RUE JACOB, 26

1872

LE CHEVAL

L'ANE ET LE MULET.

CHEVAL.

CHAPITRE Ier. — ESPÈCES, VARIÉTÉS ET ORIGINE.

Le cheval forme un genre unique : le genre *equus*, dont les caractères sont : 36 à 40 dents, dont 6 incisives à chaque mâchoire, 4 canines ou crochets dans le mâle, 6 molaires à chaque arcade, un espace interdentaire appelé *barres*, lèvre supérieure développée et mobile, membres terminés par un sabot, deux mamelles inguinales, estomac simple, intestins, surtout le cœcum, volumineux. On divise ce genre en deux sous-genres : l'*âne*, distingué par une queue pourvue de crins à l'extrémité seulement, par l'absence de châtaignes aux membres postérieurs, et un pelage généralement marqué de bandes transversales ; les espèces sont le *zèbre*, le *daw*, le *couagga* et l'*âne*. Deuxième sous-genre : *cheval*, queue garnie de crins dans toute son étendue, châtaignes aux quatre membres, pelage uniforme ; espèces : le *dziggtai* ou *hémione* et le *cheval*.

Le cheval est un des animaux les plus anciennement domestiques. Les Chinois, d'après le *Chouking*, l'employaient 2,000 ans avant notre ère ; ils l'avaient reçu de l'étranger. On trouve encore le cheval à l'état sauvage dans l'Asie centrale. Il existe aujourd'hui sur tous les points du globe. Les races du cheval sont très-variées ; on indiquera plus loin les principales.

Par l'aspect extérieux des organes, par les formes, les allures, l'état anormal ou naturel de la peau, du poil, par le maniement, par tout cet ensemble de caractères appréciables à la vue, au toucher, un observateur habile peut arriver à reconnaître la beauté d'un animal, ses qualités ou ses défauts, l'état de maladie ou de santé, le tempérament ou les aptitudes. C'est ce qu'on nomme l'étude de l'extérieur.

CHAPITRE II. — EXTÉRIEUR DU CHEVAL.

SECTION I. — DESCRIPTION DES RÉGIONS.

§ 1. — *Division générale du cheval.*

On distingue dans l'*extérieur* la tête, l'encolure, le tronc et les membres. On a établi pour l'étude du cheval trois grandes divisions : l'avant-main, le corps et l'arrière-main. L'avant-main comprend : la tête, l'encolure, le garrot, le poitrail et les membres antérieurs. Le corps comprend : le dos, les reins, les côtes, le ventre et les flancs. L'arrière-main comprend : la croupe et les membres postérieurs. Le côté droit de l'animal est celui placé à droite de la tête, et par conséquent à gauche de l'observateur placé en face du cheval ; on le nomme encore côté *hors montoire* et *hors main*, relativement au charretier, qui marche toujours à gauche de son cheval ; l'autre côté est *à la main* ou *montoire*.

Avant de décrire chacune de ces divisions, nous en présentons en quelque sorte la topographie et les limites dans la figure suivante :

Fig. 1.

1 front, 2 tempes, 3 chanfrein, 4 salières, 5 œil, 6 naseaux, 7 joues, 8 ganaches, 9 bout du nez et lèvres, 10 menton, 11 encolure, 12 crinière, *a* garrot, *b* dos, *c* reins, *d* hanche, *e* croupe, *f* queue, *g* poitrail, *h* passage des sangles, *i* côtes, *k* flanc, *l* ventre, *l'* fourreau, *m* épaule, *n* bras, *o* coude, *p* avant-bras, *q* genou, *r* canon, *s* boulet, *t* paturon, *u* couronne, *v* sabot, *x* fesse, *y* cuisse, *w* jambe, *a* jarret.

§ 2. — *Tête.*

En détaillant les parties de la tête, on trouve au sommet la *nuque*, 2, fig. 2, point d'attache supérieur de la tête à l'encolure ; on la désire un peu saillante. On a prétendu que chez les étalons cette saillie était, comme chez le bélier, un signe de vigueur ; cette partie, placée sous la têtière, peut devenir le siége de la gale, et quelquefois d'une affection fistuleuse très-grave, appelée *mal de taupe*, déterminée par des coups ou des blessures.

Le *toupet*, 3, est une mèche de crins retombant ordinairement sur le front. Les *oreilles*, 1, doivent être bien *plantées*, plutôt petites que grandes, fines et mobiles. Le cheval dont les oreilles son grossières, ou placées trop bas, est *mal coiffé ;* il est *oreillard* si les oreilles sont pendantes ; on nomme *oreilles de cochon* celles qui portent ce défaut à l'extrême. Les oreilles sont dites *hardies*, portées en avant : cette direction indique encore une préoccupation de l'animal. Si dans la marche les oreilles sont très-mobiles, l'une se portant en avant, l'autre en arrière, on peut supposer une vue affaiblie ; l'animal qui couche brusquement les oreilles en arrière se dispose ordinairement à mordre ou frapper; on reconnaît la surdité du cheval à l'immobilité des oreilles au milieu du bruit ; une entaille à l'oreille gauche indiquait autrefois le cheval de réforme.

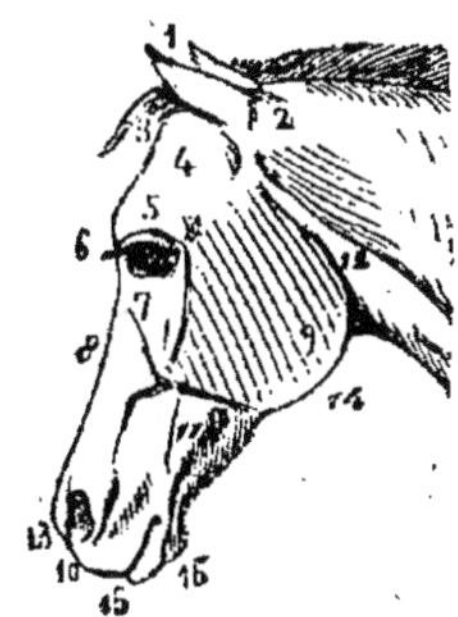

Fig. 2.

Le *front*, 4, par sa largeur et sa hauteur, marque jusqu'à un certain point le développement du cerveau et de l'intelligence ; le front aplati est un signe de race. Des deux côtés du front sont les *tempes* et les *salières*, 5. La cavité prononcée des salières, et surtout les poils blancs, sont ordinairement l'indice d'un âge avancé.

Le *chanfrein*, 8, fait suite au front ; sa forme et celle du front impriment surtout un caractère à la tête. Le chanfrein est *droit*, fig. 3, quand il se continue sur la ligne du front ; s'il existe une grande dépression à son origine, la tête est dite *camuse*, fig. 5; la tête *de rhinocéros* est celle qui présente une dépression très-sensible sur le chanfrein vers le point où porte la muserolle; si le chanfrein est étroit et formant une courbure en dehors, la tête est *moutonnée;* elle est *busquée*, fig. 4, si la courbure s'étend sur le front : cette disposition est vicieuse en ce qu'elle diminue l'ouverture des fosses nasales. Le chanfrein large et droit est une beauté ; des traces de feu sur le chanfrein sont des indices de lésions ou de traitement de la morve.

Les *yeux*, 7, fig. 2. Comme parties accessoires de l'œil, on doit signaler les *paupières*, espèces de voiles qui le protégent et déterminent son ouverture ; le *corps clignotant* ou 3e paupière placé dans le grand angle de l'œil, d'où il s'étend sur le globe pour le débarrasser des corps étrangers qui sécrètent, par une série d'ouvertures visibles, sur leur bord tranchant, une humeur produite par les glandes de Meïbonius, humeur dont la trop grande abondance produit la *chassie*. L'inflammation de la membrane intérieure, l'excoriation de l'angle de jonction, peuvent indiquer une affection de l'œil lui-même. Les *cils* garnissent le bord des paupières. L'œil *grand* et saillant prend quelquefois le nom d'*œil de bœuf ;* on appelle *yeux de cochon* des yeux petits, arrondis : c'est une défectuosité. L'œil doit être suffisamment ouvert, mobile, saillant et transparent. On nomme

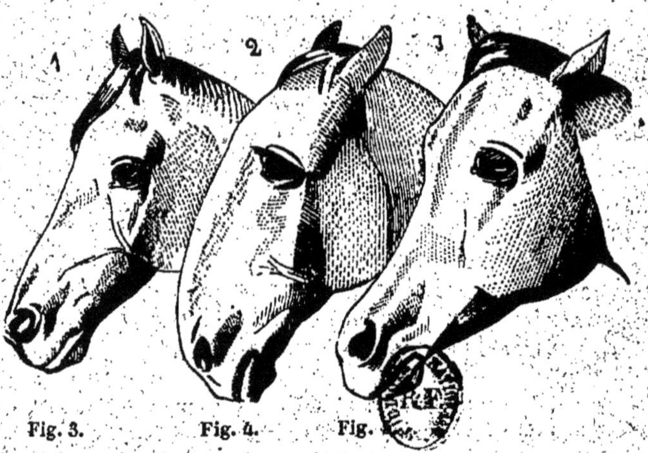

Fig. 3. Fig. 4. Fig.

taie l'opacité d'une portion de la cornée lucide ; l'opacité complète se décèle par la couleur blanche : c'est la *cataracte*. Ces vices sont apparents ; il en est d'autres qui entraînent la perte de la vue, comme l'*amaurose*, qui sont moins évidents. Pour éprouver la vue d'un cheval, on peut quelquefois agiter, à une certaine distance de l'œil, la main ou un bâton ; le clignement de l'œil dénote qu'il n'est pas privé de la vue. Pour examiner l'œil, on place l'animal d'abord dans un lieu obscur, puis, l'amenant au jour, on observe la dilatation de la pupille ; des taches blanches ou *dragons*, un nuage donnant à la cornée un aspect bleuâtre, une couleur glauque verdâtre du fond de l'œil, sont des indices défavorables. Les yeux sont quelquefois le siége d'une maladie grave, la *fluxion périodique*, mais sans signes apparents à son début.

Les naseaux, 13, qui se terminent au bout du nez, sont formés de cartilages, qui permettent à l'orifice des narines de se dilater ; on trouve à l'intérieur de la narine une poche dite *fausse narine*, aidant encore à cette dilatation. Des narines peu ouvertes sont une défectuosité. La membrane intérieure des narines doit être unie, fine et d'une couleur rosée ; des excoriations, des chancres, peuvent annoncer la présence d'une affection des plus graves, la *morve*, si surtout ces chancres et la couleur livide de la membrane coïncident avec un écoulement ou jetage de couleur jaune verdâtre. On ne doit pas confondre avec une excoriation l'orifice du *trou lacrymal*. On doit explorer le nez avec précaution quand on observe un jetage de cette nature, la maladie pouvant se transmettre à l'homme. Les narines sont encore le siége de tumeurs ou polypes accidentels. La dilatation des naseaux dans le repos peut être un signe de pousse. Des cicatrices au bout du nez peuvent provenir de chutes ou du tord-nez. Pour explorer l'intérieur des naseaux, à gauche, par exemple, prenez de la main droite la lèvre inférieure, relevez avec le plat du pouce l'aile supérieure de la narine, et avec la face dorsale de l'index également introduit dans le naseau, écartez l'aile externe.

La *ganache*, 9, a pour base l'os maxillaire inférieur ; elle est dite *empâtée*, *charnue*, lorsqu'elle est trop chargée de chair ; dans le cas contraire, elle est *sèche*. Le développement de cet organe est un bon signe.

L'*auge*, 14, est cette cavité formée par les deux branches de la mâchoire inférieure, dans laquelle se loge le larynx ; elle doit être *sèche*, *évidée*, *large* et *profonde*. On ne doit pas y rencontrer de *glandes*, surtout de celles qui ne roulent pas sous les doigts ; ces glandes, adhérentes ordinairement à l'un ou l'autre côté de l'auge, si, surtout, elles sont accompagnées du jetage des narines, comme on l'a dit plus haut, sont les symptômes de la morve. Le canal qu'on sent dans l'auge est la trachée, prenant son origine au larynx, qui passe dans les branches de l'os hyoïde. En serrant le gosier, 16, au-dessus de cet os, on fait tousser le cheval.

Les *joues*, 11, sont entre la ganache et la bouche ; quelquefois elles se relâchent, les aliments s'introduisent dans leurs replis ; on dit que les animaux font *magasin*.

La *bouche*, 15, formée par les lèvres dont les angles de jonction prennent le nom de *commissures*. La crête osseuse qui sépare les dents incisives des molaires, et que revêt la muqueuse de la bouche, forme les *barres* sur lesquelles le mors prend son appui. Trop élevées, les barres supportent trop immédiatement la pression du mors, et la bouche est très-sensible (*tendre*) ; trop basses, elles ne ressentent pas assez cette action : la bouche est *dure*. La langue exerce également une action sur le mors ; trop épaisse, elle soustrait en partie les barres à sa pression. La langue est quelquefois le siége de cicatrices; d'autres fois, l'animal la laisse pendre en dehors de la bouche; ce défaut, peu agréable à la vue, a l'inconvénient de provoquer une perte de salive.

Le *canal* est, à la mâchoire inférieure, l'espace dans lequel se loge l'extrémité de la langue. On voit au fond du canal deux petits mamelons percés d'une ouverture; ce sont les orifices des canaux excréteurs des glandes salivaires, appelés *barbillons*, et coupés quelquefois par des maréchaux ignorants, dans la supposition qu'ils gênent l'animal. Le *palais* est parfois chez les jeunes poulains le siége d'une tuméfaction; les maréchaux, pour faire disparaître cette affection, qu'ils désignent sous le nom de *lampas*, déchirent les tissus à l'aide d'une corne de cerf, pratique barbare, qu'une légère saignée du palais remplace plus rationnellement.

La *barbe* ou le menton, 16, est immédiatement en contact avec la gourmette; son degré de sensibilité doit déterminer la pression à donner à cette partie de la bride.

Considérée dans son *ensemble*, la tête varie un peu de forme suivant les races. La tête doit être revêtue d'une peau fine qui laisse apparaître en relief les éminences des os, les veines et les muscles; les oreilles, bien plantées, seront fines et hardies; l'œil limpide, vif et bienveillant à la fois; les naseaux bien ouverts.

On considère comme un beau type une tête peu volumineuse, d'une longueur moyenne, au front large, au chanfrein droit, aux ganaches développées et sèches, offrant dans son ensemble la forme d'une pyramide à pans irréguliers, dont le sommet est terminé par un bout de nez fin et légèrement en biseau. Du reste, la tête pourra être plus lourde dans le cheval de trait, plus allongée dans le grand carrossier. La tête trop charnue est massive, trop *longue* et trop *grosse*, *pèse à la main* du cavalier; trop décharnée, elle prend le nom de tête de *vieille*. Quand l'attache de la tête à l'encolure est peu apparente, ce qui a lieu avec les encolures épaisses, la tête est dite *plaquée;* elle est *décousue* dans le cas contraire.

La position naturelle de la tête du cheval est un peu oblique, faisant un angle de quarante-cinq degrés avec l'horizon; quand la tête est trop horizontale, on dit que le cheval *porte au vent:* l'action de la *martingale* est utile en ce cas; il s'*encapuchonne*, au contraire, quand il rapproche la mâchoire de l'encolure : l'action du mors en ce cas est amoindrie.

§ 3. — *Des dents.*

Sortie, développement et usure. — Les dents, dont nous n'avons parlé que d'une manière très-sommaire, sont au nombre de 40 chez le cheval, savoir : 24 molaires, ainsi nommées parce qu'elles servent comme une meule à broyer les aliments ; 12 incisives, destinées à trancher les aliments comme leur nom l'indique ; et 4 crochets, ainsi appelés de leur forme (les juments n'ont pas de crochets ; quand, par exception, elles en possèdent, on les nomme *bréhaignes*).

Les molaires, au nombre de 4 seulement dans les premières années, se complètent après 4 ou 5 ans. Les 3 premières que le poulain apporte en naissant sont seules caduques : la 4e à 1 an, la 5e à 2 ans et la 6e de 4 à 5 ans. Vers 2 ans et demi, les premières molaires caduques sont remplacées ; les secondes sortent de l'alvéole à 3 ans, et les troisièmes à 4 ans et demi. Du reste, les molaires ne servent jamais pour la détermination de l'âge du cheval. L'étude des incisives a la plus grande importance, parce que c'est sur les modifications qu'elles subissent qu'on a basé l'appréciation de l'âge.

Les incisives, apportées en naissant ou développées dans le premier âge, tombent et sont remplacées de 3 à 5 ans par d'autres. De là le nom de *caduques* ou dents de lait données aux premières incisives, et de *dents d'adultes* ou de remplacement donné aux secondes.

Les deux incisives du milieu prennent le nom de pinces, les deux autres de chaque côté celui de mitoyennes ; enfin on appelle coins celles des deux extrémités. Les dents de lait ou de poulain, fig. 7, se distinguent de celles du cheval en ce qu'elles sont moins larges, d'un blanc laiteux, et striées dans leur partie libre, qui est séparée de la racine par un étranglement ou *collet*.

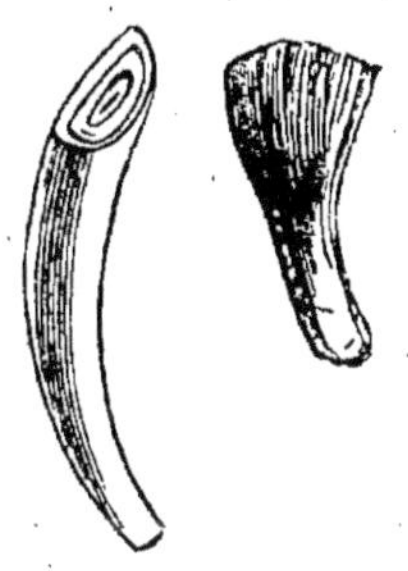

Fig. 6. Fig. 7.

La dent incisive d'adulte, fig. 6 et 7, représente une espèce de coin irrégulier plus ou moins arrondi sur ses bords, courbé d'avant en arrière ; sa longueur est d'environ 70 millimètres ; l'usure annuelle est de 2 millimètres environ, et la dent sort de l'alvéole d'une pareille hauteur chaque année, de manière que la table dentaire reste toujours de niveau. De cette usure successive il résulte que la table de la dent présente également chaque année une forme ou une section différente ; mais la conformation intérieure de la dent tend à rendre cette différence encore plus sensible.

La dent est formée de deux substances, l'une éburnée ou l'*ivoire*, qui en constitue la masse, l'autre l'*émail*, espèce de vernis très-dur qui revêt l'extérieur de la dent partout où elle n'est pas usée.

Si on coupe dans sa hauteur par le milieu une dent incisive, comme l'indique la figure 8, on voit qu'il existe à son intérieur deux cavités ou *cornets*, l'un *a*, qui s'ouvre au dehors et vient se terminer en cul de sac *c*, et qu'on nomme cornet *externe ;* l'autre *d*, qui descend vers la racine : c'est le cornet *interne*. Le cornet externe descend de la dent; il est garni d'un pli de l'émail *b;* l'autre cornet, dont le fond commence à peu près au même point que le premier et le croise un peu, est beaucoup moins ouvert et souvent oblitéré par la substance même de la dent.

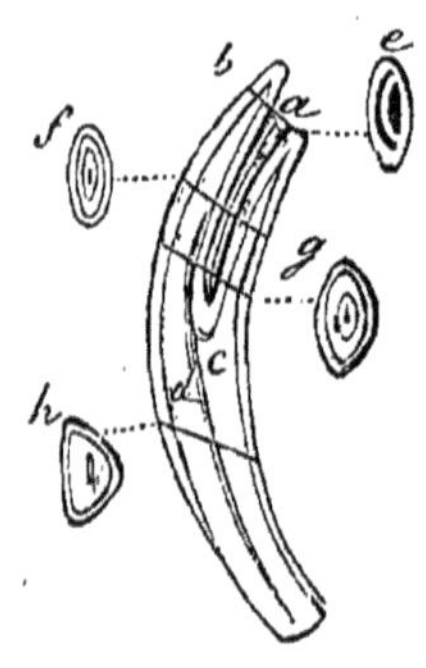

Fig. 8.

Ceci expliqué, on comprendra facilement le changement qu'éprouve la forme de la section de la dent à mesure que l'usure diminue sa longueur. D'abord, quand la dent est vierge, c'est-à-dire nouvelle, comme dans la figure 7, qui représente un coin sorti à 5 ans, le bord antérieur est plus élevé que l'autre; il résulte de cette disposition que ce bord antérieur *b*, qui frotte le premier dans le travail de la mâchoire, est aussi le premier à s'user; ce n'est que plus tard, au bout d'un an environ, que le bord postérieur se trouve au niveau du bord antérieur et commence à s'user à son tour : on dit alors que la table de la dent est *nivelée*. Le plan de cette table présente la section *e*; le repli de l'émail, usé à la partie antérieure, laisse paraître l'ivoire, qui forme un petit ruban séparant les deux couches d'émail, tandis que le bord intérieur ne présente qu'une ligne, crête de l'émail non encore usé.

La dent continuant à s'user, sa table sera arrivée un an plus tard au point *f*. L'aspect de la table dentaire change; le repli de l'émail usé autour des bords laisse apparaître l'ivoire, qui forme comme une ceinture au cornet dentaire, dont l'émail se dessine en un petit ruban et la cavité en un point noir. On comprend les changements qu'apporte encore l'usure d'une autre année *g*. Le cul-de-sac dentaire paraîtra plus rapproché du bord postérieur de la dent, et la bande d'ivoire sera plus large en avant. On commencera à apercevoir le fond du cornet interne ordinairement comme un point jaunâtre. Après une quatrième année d'usure, autre modification : la cavité du cornet dentaire externe disparaît, et la table dentaire est plane ou rase; on dit alors que la dent est *rasée* ou que le cheval est *rasé*.

Ces modifications de la surface de la table dentaire s'accompagnent d'un autre changement dans ses contours; on la voit, en effet, dessiner d'abord un ovale allongé *e* et *f*, puis un autre plus arrondi *g*, puis elle se rapproche de la forme triangulaire *h;* cette forme devient de plus en plus sensible. On conçoit à présent les inductions qu'on a pu tirer de ces modifications pour connaître l'âge du cheval.

Connaissance de l'âge par les dents. — La connaissance de l'âge se fonde sur la *sortie*, le *remplacement* et l'*usure des dents*. Les incisives de la mâchoire inférieure, plus faciles à explorer et dont l'usure est plus régulière, ont été choisies de préférence pour la détermination de l'âge.

La sortie des dents donne des signes certains jusqu'à l'âge de 5 ans ; on peut y ajouter, comme signe accessoire, mais moins décisif, l'usure et la rasement. On peut diviser cette première partie de la vie du cheval en 4 périodes :

1re *période. De la naissance à 6 ou 8 mois.* Le poulain naît ordinairement sans incisives. On voit sortir les pinces *a*, fig. 9, de 6 à 8 jours, les mitoyennes *b*, de 30 à 40, les coins *c*, de 5 à 8 mois.

2e *période. De 8 mois à 3 ans. Rasement des caduques.* Les pinces vers 8 mois, les mitoyennes de 10 mois à 1 an, et les coins de 16 à 20 mois. Du reste, la taille de l'animal, le moment de l'année où on l'examine, rapporté à l'époque ordinairement régulière des naissances, offre encore d'autres indices.

3e *période. De 3 à 5 ans. Éruption des dents d'adultes.* Vers 30 mois, les racines des pinces de remplacement compriment les racines des caduques et les poussent au dehors ; avant 3 ans, elles sortent des alvéoles, fig. 10. A 4 ans, sortie des mitoyennes et nivellement des pinces, fig. 11. A 5 ans, sortie des coins et nivellement des mitoyennes. fig. 12.

4e *période. De 5 à 8 ans.* Le cheval de 6 ans est encore facile à reconnaître au nivellement récent des coins, qui a lieu environ un an après leur sortie, fig. 13. Jusqu'à 7 ans, l'usure du coin inférieur est un indice assez certain, fig. 14 ; mais on peut encore tirer une induction de la forme du coin supé-

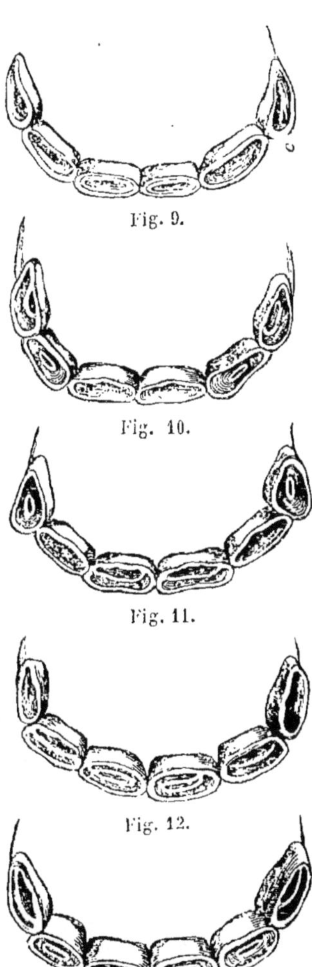

Fig. 9.

Fig. 10.

Fig. 11.

Fig. 12.

Fig. 13.

Fig. 14.

Fig. 15.

rieur : souvent ce coin, plus large que l'inférieur, ne frotte pas contre ce dernier sur toute sa surface ; il en résulte une sorte de talon qui forme une échancrure ; on ne l'observe jamais avant la septième année. A 8 ans, fig. 15, les surfaces de frottement de la table dentaire ont pris la forme ovale ; la fève, ou le cul-de-sac dentaire, disparaît dans les mitoyennes et souvent les coins ; apparition de l'étoile dentaire ou de l'origine du cornet externe.

5e *période. De* 8 *ans à* 11 *ou* 12. *Rotondité* de la surface de la table dentaire, disparition complète du cul-de-sac externe dans les pinces, rapprochement de l'émail central du bord postérieur, apparition de l'étoile dentaire ou cul-de-sac interne, forme ovale, puis ronde, de la table dentaire.

A 9 ans, les pinces passent de la forme ovale à la forme arrondie, l'émail central se rapproche du bord postérieur, l'étoile dentaire est plus apparente, rasement des pinces *supérieures.*

A 10 ans, même changement dans les mitoyennes inférieures, rasement dans les mitoyennes supérieures.

A 11 ans, même changement dans les coins inférieurs, rasement des coins supérieurs.

A 12 ans, toutes les incisives sont arrondies, l'émail central disparaît dans les pinces, et l'étoile dentaire est à peu près au milieu de la dent.

Fig. 16.

6e *période. Triangularité* des dents. A 13 ans, les pinces commencent à prendre la forme triangulaire ; à 14 ans, les mitoyennes à 15 ans, les coins, fig. 16 ; à 16 ans, disparition de l'émail central dans les mitoyennes supérieures ; à 17 ans, cette disparition a lieu dans les coins supérieurs.

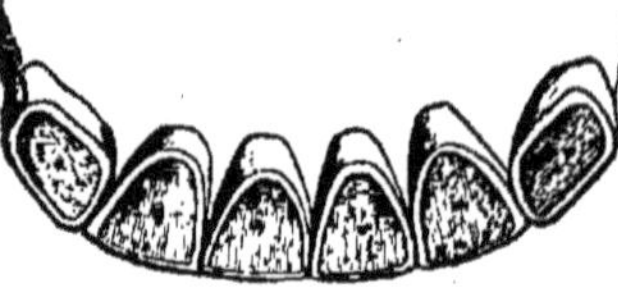

Fig. 17.

7e *période. De* 17 *à* 20 *ans. Biangularité des dents.* Le triangle de la table dentaire s'allonge, se rétrécit à sa partie postérieure, et l'angle s'arrondit en ce point, de manière que la dent est biangulaire ; cette biangularité a lieu d'abord dans les pinces vers 18 ans, les mitoyennes vers 19 ans, fig. 17 ; elle est complète vers 20 ans. Du reste, par suite de l'usure, l'arcade dentaire se rétrécit, est moins circulaire ; les dents étant moins longues, les lèvres s'allongent en avant.

Défauts de dentition. — Par exception, la table dentaire s'use plus ou moins vite chez certains chevaux ; chez les chevaux fins, l'usure serait de 2 à 3 millimètres par an ; chez les chevaux communs, de 3 à 4 ; on prend cette observation en considération quand ou *bouche* un cheval. On nomme *bégus* certains chevaux chez lesquels le rasement s'opère moins vite. On cherche dans ce cas des moyens de contrôle dans la forme des dents ; les chevaux chez lesquels l'émail central persiste au-delà de 12 à 13 ans sont dits *faux bégus.*

Les chevaux *tiqueurs* sont ceux qui ont le défaut de frotter contre un corps dur le bord antérieur de la mâchoire, de manière à l'user dans cette partie.

Il arrive quelquefois que des maquignons essayent de veillir ou rajeunir le cheval en changeant l'aspect de sa table dentaire ; ils ont surtout intérêt à vieillir les très-jeunes chevaux, afin de leur donner l'âge réclamé pour certains services ; c'est en arrachant les dents de lait, en provoquant la sortie un peu précoce des dents d'adulte, que cette fraude s'opère ; on la reconnaît par les traces que laisse l'arrachement, et parce que la remplaçante n'apparaît pas immédiatement, comme dans la chute naturelle.

Les maquignons rajeunissent quelquefois le cheval en le *contremarquant*, c'est--dire en creusant dans la dent la marque de la fève ou cul-de-sac du cornet dentaire, disparue dans le rasement. La fraude se reconnaît à l'aide d'un examen attentif. Si on a fait la marque sur l'émail central, l'émail ne se trouvant pas au milieu de la dent, comme doit l'être l'ouverture du cul-de-sac dentaire, la fraude est évidente ; si on a fait la marque à côté de l'émail, cette fraude est encore plus manifeste, car l'émail est lui-même le fond du cul-de-sac dentaire. On reconnaît encore la fausse marque en ce qu'elle manque de rebord émailleux. Si l'animal est beaucoup plus âgé, l'inspection de la mâchoire supérieure et la forme plus ou moins triangulaire des dents peuvent servir à reconnaître la fraude.

§ 4. — *Encolure.*

L'encolure, fig. 18, a pour base les muscles et les vertèbres du cou ; on y remarque, au point d'attache de la tête, les *parotides* ou *avives*, 12 glandes situées en arrière de la ganache, qui sont quelquefois l'objet d'une opération irrationnelle des empiriques, connue sous le nom de *battre les avives.*

L'*encolure* joue un rôle important dans la locomotion ; c'est un point d'appui et un balancier ; elle devient un gouvernail entre les mains du cavalier, et son *assouplissement* facilite beaucoup la direction du cheval. L'encolure est *courte* ou *longue*, *massive* ou *grêle*. Longue et grêle, l'encolure est peu gracieuse ; fine et d'une longueur moyenne, elle est plus favorable à la vitesse. L'encolure courte manque de grâce, et surtout de souplesse si elle est massive ; longue et massive, l'encolure convient peu au cheval vite ; elle n'est pas un défaut pour le trait, si elle est rouée et bien portée. L'encolure est encore *basse* ou *relevée ;* une élévation moyenne, établissant un angle de 45 degrés avec le dos, est une position normale. Avec

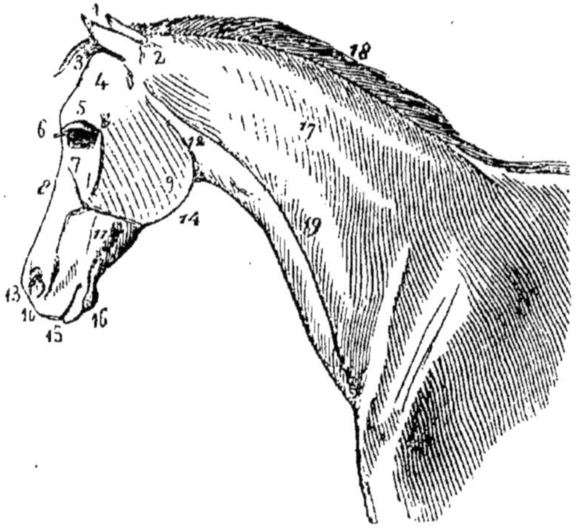

Fig. 18.

une encolure basse, le cheval a peu de solidité ; avec une encolure trop relevée, il *porte au vent* et tire mal. Quant à la forme, l'encolure est *rouée* quand elle forme une courbe comme une section de roue ; les chevaux de gros trait, les étalons surtout, chez lesquels la partie supérieure de l'encolure est plus épaisse que chez les hongres et les juments, présentent cette forme ; elle est *renversée* si la courbe est concave : on la nomme encore alors encolure de cerf. L'encolure des chevaux arabes, fig. 18, affecte cette courbe, favorable à la vitesse ; elle est accompagnée souvent, à la naissance même, d'une dépression nommée *coup de hache.* Lorsque l'encolure ainsi renversée se recourbe ensuite en sens inverse vers la tête, on la nomme encolure de *cygne ;* elle appartient à certaines races élégantes, l'andalouse par exemple. L'encolure *pyramidale* est celle dont les deux bords vont se rapprochant insensiblement vers la tête. L'encolure est dite fausse lorsqu'elle se joint mal au corps et paraît plus volumineuse vers la tête.

Au bord supérieur de l'encolure existe la *crinière*, 18 ; elle est fine et souple dans les chevaux fins ; elle est très-fournie et parfois crépue dans les étalons de gros trait, et la peau où elle s'implante offre accidentellement, chez les chevaux entiers surtout, des traces de gale ou *rouvieux*. La crinière tombe ordinairement d'un côté : alors elle est simple ; elle est double dans le cas contraire. On taille *en brosse* celle des poneys.

La partie inférieure de l'encolure doit être un peu large, pour offrir un espace suffisant au conduit de l'air (la trachée) et à celui des aliments (l'œsophage) qu'elle doit loger, ainsi qu'aux veines et aux artères. Les veines jugulaires sont placées dans le sillon qu'on remarque vers le n° 19 ; on doit rechercher si cette partie n'offre pas des traces de saignées nombreuses, de sétons, et accidentellement d'ouverture de la trachée, par suite d'une opération qui se pratique dans les cas d'angine.

§ 5. — *Tronc.*

Le *garrot*, 1, fig. 19, a pour base les épines élevées des vertèbres dorsales ; il doit être sec, relevé et jeté un peu en arrière ; la hauteur du garrot favorise l'action des muscles, de l'encolure, du dos et de l'épaule, qui s'y attachent ; elle détermine la longueur et l'obliquité de l'épaule, conditions avantageuses à ses mouvements ; elle retient la selle et les harnais. Le garrot sec indique une constitution plus résistante. Un garrot bas, empâté, est plus exposé aux blessures ; il n'offre pas de point d'appui aux harnais ; il fait paraître l'animal *bas du devant.*

Le *dos*, 2, a pour base les vertèbres dorsales et les muscles, particulièrement le long dorsal, logés des deux côtés de ces vertèbres. Il doit être assez élevé et assez large pour offrir une place suffisante au développement des muscles ; il présente ordinairement une légère courbure ; quelquefois, cependant, il est *droit.* Si la courbure est prononcée et concave, le cheval est dit *ensellé*, disposition qui ôte de la force à l'épine dorsale pour soutenir les viscères et les fardeaux dont on peut charger l'animal ; cet inconvénient devient d'autant plus grave que le dos est plus long. Quand la courbure est inverse, le dos prend le nom de *dos de carpe*, *dos de mulet ;* disposition qui peut, comme une voûte, donner plus de force à la tige vertébrale, mais lui enlève de sa souplesse et détermine des réactions dures pour le cavalier.

Les *reins*, 3, ont pour base les vertèbres lombaires et les muscles déjà indiqués. Ils couvrent la région lombaire ; ils participent des qualités ou des défauts du dos qu'ils continuent, et doivent se réunir à la croupe par un passage insensible, être larges, musclés et courts. La brièveté du dos et des reins rend plus directe la transmission des mouvements des muscles et donne plus de solidité à la colonne vertébrale ; la brièveté est cependant moins essentielle pour le trait que pour la selle. Dans les chevaux de trait, les muscles saillants de chaque côté laissent entre eux un sillon qui fait donner à cette partie le nom de *reins doubles;* c'est un signe de force.

La flexion des reins, provoquée par le pincement de l'épine lombaire à son point de jonction au dos, en dénote la souplesse et indique l'état de santé de l'animal.

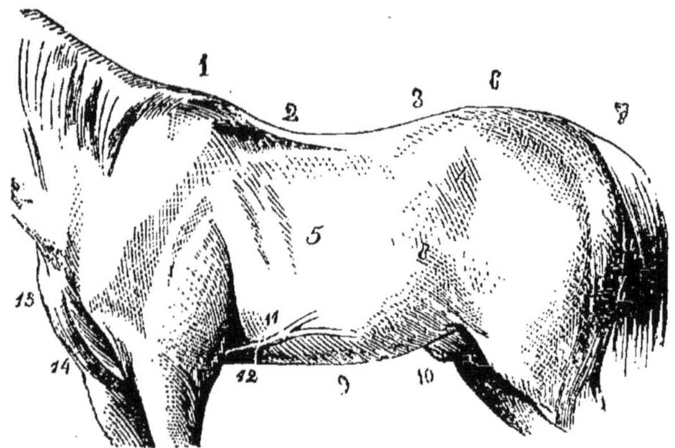

Fig. 19.

Les reins peuvent être le siége de blessures difficiles à guérir, résultant de l'application peu intelligente des harnais. Ces plaies, auxquelles on a donné le nom fort impropre de *mal des rognons*, sont cependant moins graves que les *efforts de reins*, dont la guérison ne peut souvent être obtenue que par l'application du feu.

La *croupe*, 6, limitée par une courbe qui passe par les hanches, l'origine de la queue et des reins, a pour base les hanches et la charpente osseuse du bassin ; elle est le point d'appui de muscles très-forts et le siége des agents les plus puissants de la locomotion. La croupe est dite *droite*, fig. 20, quand la ligne par laquelle elle relie les reins à la queue est horizontale ; *avalée*, quand cette ligne est inclinée ; *tranchante*, quand cette ligne médiane est *saillante*, fig. 21 ; *double*, si cette ligne est dominée de chaque côté par les saillies musculaires, fig. 22; cette dernière disposition indique la puissance, quand elle n'est pas due seulement à la graisse. La croupe tranchante, si elle est courte surtout, est souvent l'indice d'aplombs vicieux et d'une faiblesse musculaire; cette dernière disposition est une défectuosité.

La *hanche*, 4, fig. 19, a pour base l'extrémité de l'os des iles. Trop saillante, elle est peu gracieuse à l'œil; on nomme alors les animaux *cornus;* cependant cette saillie indique le développement du bassin et des muscles. Trop *faillie*, la hanche est une défectuosité.

La *queue*, 7, a pour base les os coccygiens. On la divise en *tronçons* et en *crins;* utile au cheval pour chasser les insectes, elle est encore un de ses ornements. Elle paraît bien ou mal *attachée*, sui-

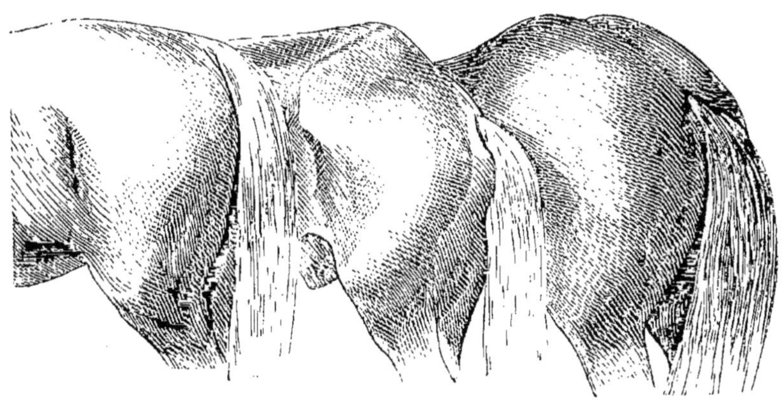

Fig. 20. Fig. 21. Fig. 22.

vant que la croupe est droite ou avalée. La résistance de la queue, quand on la relève à la main, est un indice de vigueur. Les chevaux ardents, et surtout ceux de sang, relèvent et déplacent la queue quand ils s'animent.

C'est pour communiquer au cheval l'apparence d'une énergie qu'il ne possède point, qu'on a eu l'idée de pratiquer *la queue à l'anglaise;* opération qui consiste à rendre prépondérante l'action des muscles releveurs de la queue, en détruisant celle des abaisseurs au moyen de leur section transversale.

Un cheval dont on a seulement coupé quelques-unes des dernières articulations de la queue est dit *écourté;* si l'amputation est plus considérable, *courte-queue;* les courte-queues sont en *catogan* quand on laisse seulement deux touffes de chaque côté.

Le cheval est à *tous crins* quand il n'a pas subi d'amputation ; mais, dans ce cas, la queue peut être en *balai*, si les crins se terminent inégalement et en s'effilant ; en *queue de rat*, si les crins sont rares et effilés : la queue est en *éventail* si les crins, abondants surtout à l'extrémité, s'épanouissent en éventail. Les tares de la queue sont la gale et les excoriations, souvent produites par la croupière.

L'*anus a*, ouverture postérieure du canal intestinal, forme, chez les chevaux bien conformés, un bourrelet circulaire très-saillant au dehors, aisément dilatable, constamment fermé, hors le temps de l'expulsion des matières excrémentitielles. On a coutume de dire que les chevaux chez lesquels l'anus est ainsi conformé sont *bien marronnés*. L'anus est-il petit et comme au fond d'une excavation, on peut présumer que le cheval est *étroit de boyau*. L'anus reste béant chez les chevaux *vidarts*. La paralysie de l'anus, rare à la vérité, est encore une tare de cette partie.

Au-dessus de l'anus est le *périnée b ;* c'est le nom qu'on donne à l'espace qui, dans le mâle, sépare l'anus des *bourses ;* une espèce de petite saillie, nommée *raphé*, le sépare en deux.

On a déjà parlé des *testicules*, ou bourses, et du *fourreau*, 10. Dans les chevaux de race distinguée et les bons étalons, les testicules sont gros, assez durs et légèrement pendants. L'atrophie et la mollesse de ces organes est toujours un signe peu favorable.

Un fourreau trop étroit entraîne quelques inconvénients pour la sortie du pénis et l'expulsion des urines qui, devenues âcres par un contact trop prolongé, peuvent produire des ulcérations. On conçoit que dans le choix d'un étalon ces organes devront être examinés avec une attention particulière.

On a parlé des organes génitaux de la femelle. La vulve est quelquefois le siége de poireaux ou de verrues qui peuvent se communiquer à l'étalon. Il existe également une maladie chancreuse dont cet organe, ainsi que celui du mâle, est le siége.

Le *poitrail*, fig. 19, est situé au-dessous de l'encolure, entre les deux épaules ; les muscles qui viennent s'y fixer constituent sa base avec l'extrémité antérieure du sternum. Le développement de cette partie, presque toujours conséquence de sa largeur, indique la puissance et la force. Cette largeur, en rapport avec celle des épaules placées de chaque côté de la cavité de la poitrine, peut encore, jusqu'à un certain point, manifester le développement de celle-ci. Cependant, cette conséquence n'est pas toujours rigoureuse ; le développement des masses musculaires et la disposition de l'articulation de l'épaule donnent quelquefois au poitrail un écartement qui ne coïncide pas toujours avec la capacité thoracique, et d'un autre côté, un poitrail un peu étroit n'exclut pas un thorax développé, surtout dans la hauteur de son diamètre. La largeur du poitrail est une qualité à rechercher dans le cheval de trait. Dans le cheval *vite*, on préfère le développement de la poitrine en hauteur ; trop de largeur gêne les mouvements et oppose plus de résistance à l'air.

Le poitrail est quelquefois le siége de tumeurs ou loupes peu dangereuses et d'une autre tumeur inflammatoire plus grave (l'avant-cœur).

A la suite du poitrail, entre les deux membres antérieurs, on trouve l'*ars*, 14, et *l'inter-ars*, à signaler à cause de la *veine de l'ars*, placée immédiatement au-dessous, à la partie intérieure et supérieure de la jambe. L'inter-ars est ordinairement le lieu où se placent les sétons. Le *passage des sangles*, 12, touche immédiatement l'inter-ars. On demande que cette partie soit arrondie, qu'elle ne porte pas de traces de blessures. Tout près est la *veine de l'éperon*, 11.

Les *côtes*, 5, apparentes après l'épaule, doivent être arrondies et non *plates*, cette forme élargissant la capacité de la poitrine. C'est à la côte gauche, derrière le coude, qu'on peut sentir les battements du cœur ; c'est également sur les côtes que l'on percute ou qu'on appuie l'oreille pour explorer l'état des organes pulmonaires. On remarque quelquefois sur les côtes des *cors* résultant de la pression des harnais. Une tumeur très-dure, adhérente à l'os pourrait indiquer la fracture antérieure d'une côte.

Le *ventre*, 8, limité par les côtes et le flanc, ne doit pas, autant que possible, dépasser le niveau du cercle des fausses côtes. Trop volumineux, il prend le nom de *ventre de vache*. Si cette disposition ne déprécie pas trop une bête de gros trait, elle est une grande défectuosité pour un cheval destiné à courir. Étroit et rétracté, le ventre se nomme *levretté*, par suite de sa ressemblance avec celui du levrier. Les animaux ayant cette conformation sont propres aux allures rapides ; mais le peu de volume des intestins ne permet pas toujours à l'alimentation de se faire dans les conditions convenables pour réparer les pertes qui résultent d'un exercice énergique. Les tares que peut présenter le ventre sont des *hernies* et des tumeurs œdémateuses.

Les *flancs*, 8, sont, dans leur longueur, déterminés par les reins. Avec un flanc long, le cheval s'emplit plus difficilement. On prétend que les chevaux à flanc court sont plus sujets aux coliques. On distingue, dans cette région, le *creux*, le *plat* et la *corde du flanc*. La corde du flanc trop saillante est un signe d'épuisement ; on dit que le cheval a le *flanc cordé*. Quelquefois, après une longue course, le flanc paraît creux, le cheval est *efflanqué*, mais le repos rétablit facilement l'état normal.

Les flancs, reproduisant les mouvements de la respiration, indiquent l'état normal ou anormal de la poitrine. Dans l'état ordinaire, cinq à six respirations douces et à peu près égales se succèdent sans interruption, celle qui vient après est un peu plus profonde et plus prolongée; dans certains états maladifs, l'inspiration est plus prolongée, et, pendant l'expiration qui est beaucoup plus courte, le flanc s'affaisse en deux temps entre lesquels se remarque un mouvement d'arrêt désigné sous le nom de *soubresaut* ou *coup de fouet;* ce signe, qu'on désigne sous le nom de *pousse*, se produit à la suite de maladies de poitrine.

§ 6. — *Membres.*

Membres antérieurs. — L'*épaule*, fig. 23, qu'on réunit ordinairement avec le bras, a pour base le *scapulum*, les muscles qui l'attachent aux côtes et la font mouvoir. L'épaule doit être bien musclée, plus saillante dans les forts chevaux de trait que dans les chevaux aux allures légères; les épaules décharnées indiquent la faiblesse; la longueur et la position oblique des épaules sont des qualités essentielles, surtout dans les chevaux vites. Il est facile de comprendre l'avantage de la longueur de l'épaule. Si nous représentons l'épaule par la ligne ab, fig. 24, et que nous fassions mouvoir cette épaule de b en b', nous avons l'étendue du mouvement représenté par la distance bb'; mais si l'épaule avait, au lieu de la longueur ab, la longueur ac dans le mouvement que nous lui avons imprimé, l'extrémité aurait parcouru la distance cc', plus grande que bb'.

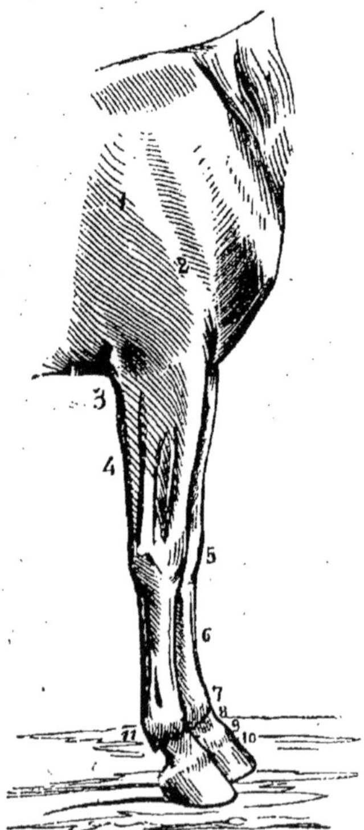

Fig. 23.

Si maintenant nous ajoutons à l'épaule le membre antérieur représenté par bd et ce, nous verrons que cette étendue plus grande du mouvement de l'épaule se transmet aux membres; ainsi, la distance ee' est plus longue que dd'; et plus les membres sont longs, plus cette étendue augmente.

Quant à l'obliquité de l'épaule, elle est presque toujours une conséquence de sa longueur; mais ses avantages résident surtout dans l'insertion plus directe et moins pleine des muscles qui, du bord supérieur de l'épaule, vont s'insérer à l'os de l'avant bras ou au coude. L'obliquité de l'épaule joue encore un grand rôle dans l'élasticité des membres considérés comme support; elle agit comme les ressorts de voiture destinés à amortir la dureté des réactions du sol. Le mouvement des épaules doit être libre et facile. On nomme *épaules chevillées*, *épaules froides*, celles qui ne possèdent pas ces qualités.

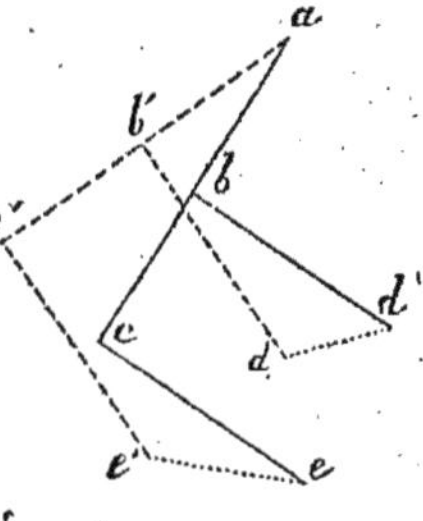

Fig. 24.

Le *bras* n'est pas apparent au dehors; il a pour base l'humérus, caché par les muscles qui l'entourent. Trod de longueur dans le bras implique la faiblesse; quand il est trop court, le cheval *trousse*, c'est-à-dire relève beaucoup et vivement la jambe antérieure.

L'*avant-bras* a pour base le radius, le cubitus et les muscles moteurs des rayons inférieurs. Il doit être large et fourni de muscles puissants et bien *descendus;* il doit, chez les chevaux vites, être long, afin d'embrasser plus de terrain.

Le *coude* doit être suffisamment dégagé du corps ; il est tourné en dedans pour le cheval panard, en dehors chez le cheval cagneux. La pointe du coude est quelquefois le siége d'une tumeur appelée *éponge*, parce qu'on présume qu'elle résulte de la pression du fer sur le coude quand l'animal est couché; on remarque encore à l'avant-bras une croissance cornée dite *châtaigne*, beaucoup plus développée chez les chevaux communs que chez les chevaux de race; aux membres postérieurs, la châtaigne est placée à la région du canon.

Le *genou* du cheval, qui répond au poignet de l'homme, est formé de l'assemblage des os métacarpiens décrits. La réunion de ces petits osselets à faces articulaires membraneuses, solidement assemblés par de forts ligaments, paraît avoir pour but d'amortir la réaction que reçoit cette articulation dans la marche ou la course. La beauté et la force du genou consistent dans sa largeur et son épaisseur; ce développement accuse la saillie des éminences osseuses qui servent de poulie de renvoi à plusieurs tendons, ou de bras de levier aux muscles fléchisseurs du canon.

Le genou doit s'articuler avec le bras et le canon, de manière que ces deux rayons soient avec lui en ligne droite.

Si le genou est porté en arrière, c'est un genou creux ou *genou de mouton*, fig. 26; s'il est porté en avant et sur la ligne d'une courbe décrite par l'avant-bras et le canon, le cheval est dit *arqué*, fig. 25; cette disposition indique un cheval *ruiné sur son devant.* Cependant, chez quelques chevaux, la jambe affecte une légère courbure qui s'efface dans la locomotion; on donne à ces chevaux le nom de *brassicourt;* on appelle encore genou de bœuf un genou porté en dedans. On reviendra sur ces défauts en parlant des aplombs.

Le genou peut être taré par des exostoses et des tumeurs molles ou dures; ces dernières se nomment *osselets.* On peut encore y remarquer, antérieurement, des excoriations ou traces de blessures; décelées par des dépressions légères ou des poils blancs : la présence de ces poils, ordinairement en cercle, constitue le genou *cou-*

Fig. 25. Fig. 26.

ronné; c'est un indice de faiblesse dans le membre antérieur, très-défavorable à l'animal. On nomme *malandres* les crevasses en arrière du pli du genou.

Le *canon*, 6, fig. 23, a pour base les os métacarpiens, les ligaments et les tendons volumineux qui l'accompagnent. La grosseur de l'os du canon, indiquée par quelques amateurs comme utile, est moins appréciée par d'autres, qui font observer que la force de l'os est plus dans sa densité que dans sa grosseur. Cependant, des tendons puissants et bien détachés concourent à élargir le canon, et on doit les admettre comme une beauté. Ces cordes tendineuses sont : en avant, les tendons extenseurs; en arrière, les fléchisseurs; ces derniers sont surtout remarquables; on leur donne vulgairement le nom de *tendon*. Le tendon doit descendre perpendiculairement de l'avant-bras au boulet, en se tenant toujours détaché du canon; quelquefois, cependant, il se rapproche brusquement de la partie supérieure du canon; condition défectueuse qu'on exprime par le mot de *tendon failli;* on nomme *tendon féru* celui sur lequel on sent, en le palpant, une induration due à quelque contusion ou à quelque effort; c'est une tare très-grave. Enfin, on dit qu'un cheval a une *jambe de veau*, quand les tendons étant très-rapprochés de l'os, le canon présente à peu près le même diamètre sur toutes ses faces. La surface du canon doit être exempte de *suros*, fig. 27, exostoses qui s'élèvent quelquefois à sa surface (on ne confondra pas toutefois avec des suros les boutons des péronés, qu'on sent quel-

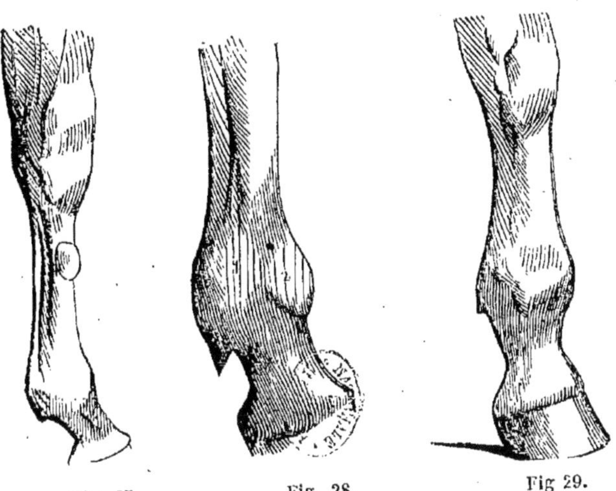

Fig. 27. Fig. 28. Fig. 29.

quefois à la partie inférieure et postérieure du canon). Le canon doit également être exempt de tumeurs molles, qui, sous le nom de *molettes*, fig. 28, 1 et 2, se remarquent quelquefois au bas du canon, près des tendons; les molettes sont dites *chevillées* quand elles règnent des deux côtés, en *fusée* si plusieurs sont à la suite les unes des autres. Les *engorgements des tendons* sont encore une des tares de cette partie, affection résultant d'un travail forcé et difficile à guérir.

Le *boulet* n'est pas, comme son nom l'indique, un os sphérique; ce renflement est le résultat de l'articulation du canon avec l'os de la couronne, des os *sésamoïdes* placés postérieurement, et des tendons qui passent en ce point. La beauté du boulet consiste surtout dans le développement de sa région postérieure ou sésamoïde, indiquant l'écartement et la puissance du tendon. L'*effort de boulet* consiste dans de violents tiraillements des tendons, qui font dévier l'articulation de son axe; on dit alors que le cheval est *bouleté*. Il est rare qu'on puisse rétablir l'articulation, ainsi forcée, dans son état normal; on nomme *cerclé* le boulet entouré de tumeurs dures ou molles. Le fanon, 11, fig. 23, est une touffe de poils située en arrière et au bas du boulet; il est plus épais et plus long chez les chevaux communs, ceux surtout des pays de marais.

Le *paturon*, 8, fig. 23, dont la base est le premier phalangien, se lie intimement au boulet, et ses rapports de position avec le boulet et le canon sont ce qu'il y a de plus important dans son examen. Comme les autres articulations, celle du paturon et du canon se fait sous un angle plus ou moins grand, toujours pour faire ressort et ménager les réactions. Si cet angle est peu ouvert, le paturon tend, avec le boulet qu'il supporte, à se rapprocher du sol; l'animal est dit *bas-jointé*. Le même effet se produit si le paturon est très-long; il forme alors un levier qui diminue la puissance des tendons qui passent à l'arrière du boulet; l'animal est *long-jointé ;* il a une tendance à devenir *bas-jointé*; cependant, si l'articulation se fait avec le canon, dans un angle très-ouvert, l'animal est dit alors *haut-jointé*. On admet que la position du paturon est convenable quand il fait un angle de 45° avec le canon; un cheval dont le paturon est peu incliné a presque toujours des réactions dures. Enfin, le pied *court-jointé* est celui dont le paturon est court, ce qui est un signe de force; les bons trotteurs ont ordinairement le paturon court; les chevaux communs et lymphatiques ont la peau et les tissus de cette partie épais et empâtés; il en résulte une prédisposition aux gerçures, aux engorgements; le pli du paturon est sujet à des gerçures assez graves, produites parfois par l'action de la longe dans laquelle le cheval a pu s'empêtrer; on dit encore que le cheval a une *prise de longe*.

La *couronne*, 9, fig. 23, est le point de jonction du sabot, caractérisé par une couronne de poils qui les borde; c'est également le point qui secrète la corne; on demande à cette partie d'être, comme le paturon, sèche et nette, exempte d'exostoses (qu'on nomme dans ce cas *formes*). Les *eaux aux jambes*, espèce d'exsudation qui se reconnaît au poil hérissé de la couronne, peuvent être les symptômes d'affections graves des cartilages qui bordent cette partie.

Pied et sabot — Le pied est un organe trop important pour que nous n'expliquions pas l'ensemble de son mécanisme; la fig. 30, qui donne la coupe d'un pied de cheval dans sa hauteur, nous facilitera cette description. Nous avons déjà vu que le pied, en le bornant à la région digitée, était composé de 6 os, sans y comprendre le canon *a*. Ces os sont : l'os du paturon *b*, les deux grands sésamoïdes *c*, l'os de la couronne *d*, l'os du pied *f*, et le petit sésamoïde *e*. L'assemblage de ces os articulés obliquement et solidement, reliés entre eux par des ligaments et des tendons, est pourvu au plus haut degré du ressort et de l'élasticité propres à lui donner une détente énergique et amortir en même temps les réactions. Les os du pied sont assujettis par 4 ligaments latéraux qu'on ne voit pas dans la figure, et mis en action antérieurement par les tendons des ex-

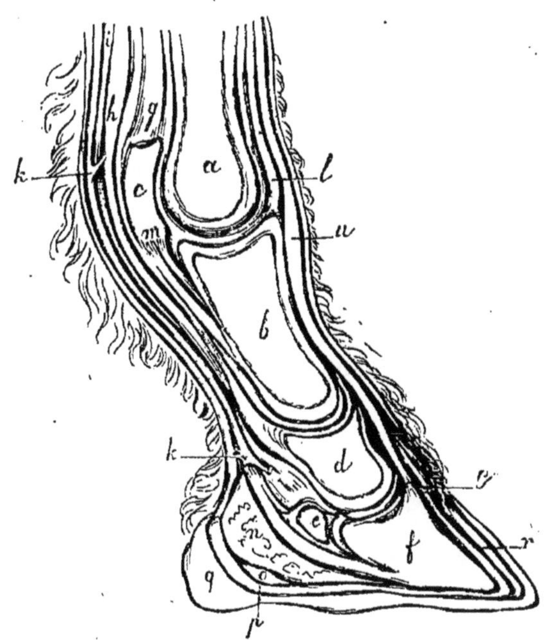

Fig. 30.

a os du canon, *b* os du paturon, *c* grands sésamoïdes, *d* os de la couronne, *e* petit sésamoïde, *f* os du pied, *g* ligament suspensateur, *h* capsules synoviales, *i* tendon du fléchisseur profond, *k* gaîne du ligament perforé, *l* tendons extenseurs, *m* ligament, *n* coussinet plantaire, *o* cartilage, *q* paroi du sabot, *r* chair cannelée, *s* tissu réticulaire, *t* tissu kéraphilleux, *u* tendon extenseur.

tenseurs *l* et *u*, s'attachant, l'un à l'os du paturon, l'autre à l'os du pied. Ils sont mus postérieurement par les ligaments sésamoïdiens ou suspenseurs du boulet *g* et *m*, qui, après avoir embrassé les grands sésamoïdes *c*, se rattachent par le point *m* aux os du paturon et de la couronne. Les tendons du fléchisseur superficiel *k* et du fléchisseur profond *i* viennent en aide à ces ligaments, et le fléchisseur profond ou perforant, après avoir traversé en *k* la gaîne du tendon *perforé*, va s'attacher à la face plantaire de l'os du pied. Entre ces tendons et ces ligaments existent des capsules (dont une au point *h*) remplies d'une huile animale ou *synovie*, destinée à faciliter le glissement et le jeu des articulations et des tendons. Le pied s'engage par sa partie inférieure dans un *sabot* dont la paroi la plus extérieure *q* est d'une substance cornée ; mais, à l'intérieur de cette première enveloppe, en est une autre *c*, disposée en feuillets comme les lames d'un peigne, destinée à s'engrener avec un tissu *r* de même forme appelé *chair cannelée*, qui n'est que la partie la plus extérieure du *tissu réticulaire* ou chair du pied située entre l'os et l'ongle. C'est ce tissu qui paraît alimenter la corne ; il se termine au bourrelet de la couronne. Ces lames de chair et de corne qui s'engrènent servent de ressorts pour soutenir l'os du pied dans l'intérieur du sabot et permettre son mouvement ; cependant, pour mieux assurer le pied contre des réactions trop violentes et le garantir de la pression du sabot, la nature a placé vers le talon, d'abord un coussinet graisseux, dit *coussinet plantaire n*, qui supporte la pression de devant en arrière, et latéralement un cartilage solide se repliant sous le pied, et dont on aperçoit l'extrémité en *o*.

Mais ce n'était pas encore assez de toutes ces précautions ; le sabot lui-même a été formé de plusieurs pièces soudées entre elles, et jouissant d'une grande élasticité. Un réseau de veines, d'artères, de nerfs, entoure les organes et porte partout la sensibilité et la vie. Après la description des membres postérieurs, nous compléterons l'examen de sabot en même temps que nous donnerons quelques notions sur la ferrure.

Fig. 31.

Membres postérieurs. — Le train de derrière du cheval comprend à la partie supérieure la *croupe*, les *hanches*, les *cuisses*, les *fesses*, qu'il est difficile de séparer dans leur examen. Une croupe longue, bien fournie de muscles, est la première condition de la force et de l'agilité dans le cheval. Les fesses *a*, fig. 31, continuent la croupe et s'unissent intimement à elle par leur masse musculaire ; elles ont pour base les ischions, espèces de bras de levier, favorisant d'autant plus l'action des muscles qu'ils sont plus longs ; les fesses doivent être proéminentes, leurs muscles, bien nourris et compactes, se prolongeant le plus possible vers les jarrets. Les animaux maigres laissent souvent apercevoir sur le côté externe de la fesse un sillon marquant l'intervalle des muscles qu'on nomme *raie de misère.*

La *cuisse* 1 a pour base le fémur, dirigé en avant comme l'épaule ; de même que pour cette région, la longueur et l'inclinaison favorisent essentiellement la vitesse.

A l'extrémité intérieure de la cuisse se trouve le *grasset* 2, qui correspond au genou de l'homme. Il est formé par la rotule et joue un rôle important dans le mouvement d'extension de la jambe sur la cuisse. Une cuisse plate et grêle est un défaut.

La *jambe* 4 réclame les mêmes conditions de construction que la cuisse et l'avant-bras. Courte et bien musclée, elle annonce la force ; plus longue, elle indique jusqu'à un certain point la vitesse ; en ce cas, elle entraîne la longueur des muscles du jarret.

Jarret. L'articulation du jarret 4 a la plus grande analogie avec celle du coude ; mais les jarrets ont à soutenir des efforts encore plus puissants, car ils subissent toute l'action des muscles de l'arrière-main et doivent chasser en avant le corps, dont ils supportent tout le poids. Pour amortir la force des réactions énergiques auxquelles il est soumis, le jarret est comme le genou, formé par deux couches d'osselets qui multiplient ses surfaces articulaires ; mais, en outre, la nature a ajouté à ces osselets, qui n'eussent pas présenté une surface articulaire assez solide, un os court et gros, l'astragale *d*, fig. 32, espèce de poulie qui sert d'intermédiaire entre le tibia et l'os du canon *e*. Un autre os allongé, le *calcaneum a*, se trouve placé en arrière de l'astragale, s'adapte parfaitement avec lui, et concourt à le fixer, recevant l'attache du tendon des muscles extenseurs *f* ; il forme

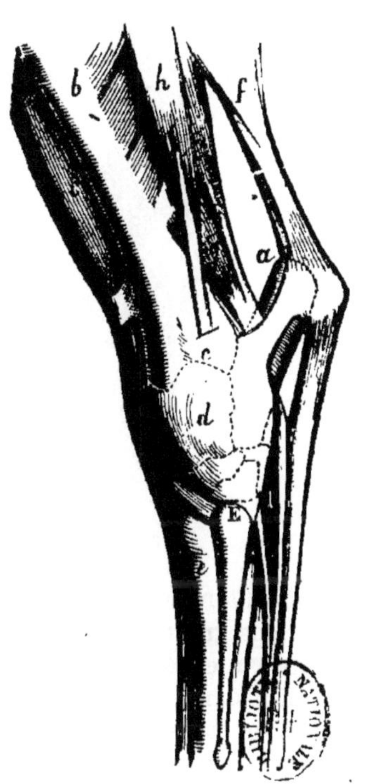

Fig. 32.

a calcanéum, *b* tibia, *c* partie inférieure interne du tibia, siége de la *courbe*, *d* astragale, *e* os du canon, *f* tendons des extenseurs, *g* muscles poplité, *h* fléchisseur profond, *i* extenseur latéral, *E* tête de l'os du canon, place de l'*éparvin*.

en même temps le levier qui fait mouvoir le canon. La longueur du *calcaneum* qui détermine la *largeur* du jarret est donc un caractère essentiel de force et d'agilité. Le muscle *extenseur antérieur i*, l'*extenseur latéral h*, le *fléchisseur profond g*, le *poplité*, qui vont s'attacher à la face du tibia *b*, complètent l'appareil locomoteur du jarret.

L'ouverture de l'angle intérieur du jarret varie dans les animaux; si cet angle est très-ouvert, on dit que le jarret est *droit;* dans le cas contraire, il est *coudé.* Le jarret coudé est plus favorable à la force, parce que la corde de la puissance s'y insère plus

(1) (1) (2)

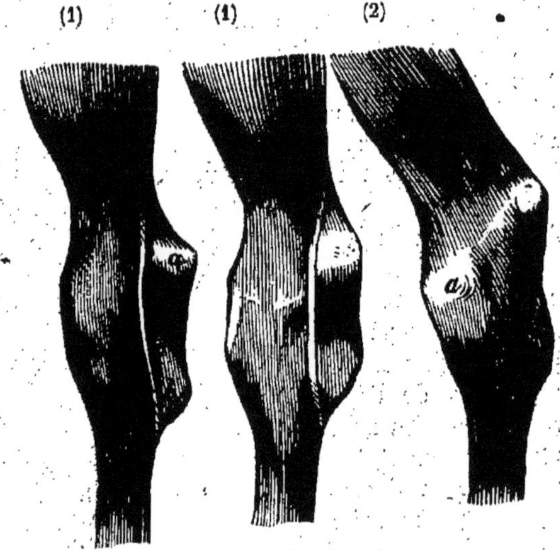

Fig. 33. Fig. 34. Fig. 35.

perpendiculairement. Le jarret droit paraît plus propre à la vitesse par la plus grande étendue de sa détente. En général, le jarret devra être large, sec, bien évidé, sans déviation en dedans ou en dehors, et exempt de tares. Les principales tares du jarret sont des tumeurs osseuses qui se développent par suite des tiraillements et de réactions reçues par les points saillants des os de l'articulation. On a donné différents noms à ces tumeurs.

La *courbe c*, fig. 32, et *a*, fig. 33, est celle qui se développe sur la tubérosité interne du tibia. L'*éparvin calleux E*, fig. 32, et *b*, fig. 33, est celle qui, plus bas que la courbe, occupe l'extrémité interne et supérieure du canon, la tête du péroné, et envahit quelquefois les osselets de l'articulation. Lorsque l'exostose occupe toute la

(1) Jarret vu de face. — (2) Face externe du jarret.

face intérieure du jarret, on le nomme *éparvin de bœuf*, fig. 34 ; cette tumeur est souvent peu résistante à son origine. Le *jardon a*, fig. 35, ou *jarde*, est une exostose qui se manifeste à la face externe du jarret, à l'opposé de l'éparvin ; ces exostoses ont pour effet, en se développant, de gêner le jeu des tendons ; ils déterminent quelquefois la soudure des os et des boiteries.

Le jarret offre aussi des tumeurs molles, telles que le *vessigon*, tumeur indolente qui, due comme les molettes à une distension des gaînes synoviales, a son siége dans le vide du jarret. Le vessigon est dit chevillé quand il existe des défectuosités ; la figure 36 présente le vessigon *a* interne du jarret ; la figure 37, le grand vessigon

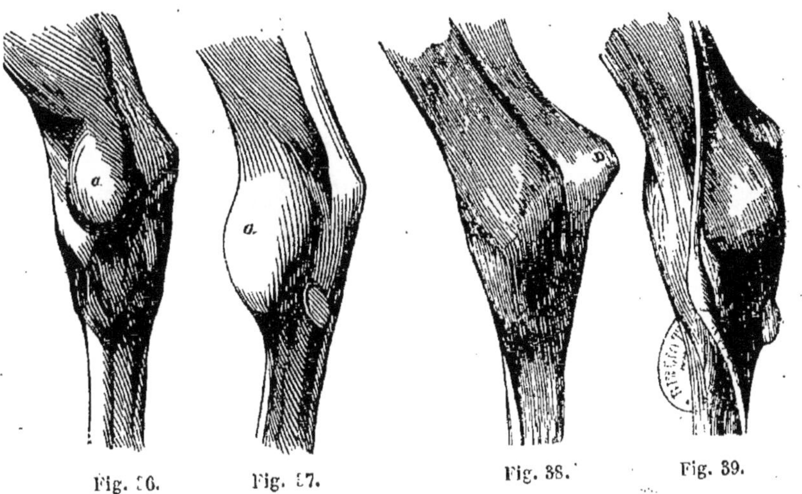

Fig. 36. Fig. 37. Fig. 38. Fig. 39.

a situé au côté interne du pli du jarret. Le *capelet* apparaît à la pointe du jarret *a*, fig. 38 ; il est dû soit à la même cause que les vessigons, soit à un épaississement de la peau, et moins grave dans ce dernier cas ; cependant, la lésion de la peau peut provenir de l'habitude de *ruer en limon*. Le jarret peut encore offrir à son pli des crevasses appelées *solandres ;* la veine saphène peut offrir des varices, fig. 39.

§ 7. — *Sabot et ferrure.*

Sabot. — Le sabot se compose de la *muraille*, de la *sole*, de la *fourchette* et du *périople*. La muraille ou paroi est cette partie B, fig. 40, qui se voit extérieurement quand le pied pose sur le sol.

Elle est oblique ; son bord supérieur A, taillé en biseau, est creusé intérieurement d'une espèce de gouttière destinée à loger le bourrelet que forme le tissu réticulaire à la base de la couronne ; le bord inférieur C unit la muraille à la sole. La muraille se divise en plusieurs régions, qui sont : la pince H, les mamelles F, les quartiers L, les talons G, fig. 41, et ED, fig. 40. On nomme barres les parties rentrantes de la muraille.

La *sole*, fig. 43, est en quelque sorte la semelle du sabot soudée à la muraille, dont le bord inférieur S l'embrasse dans son pourtour ; le milieu est échancré pour recevoir la *fourchette* R, fig. 42, espèce de coin ou cône corné qui vient s'engager dans cette échan-

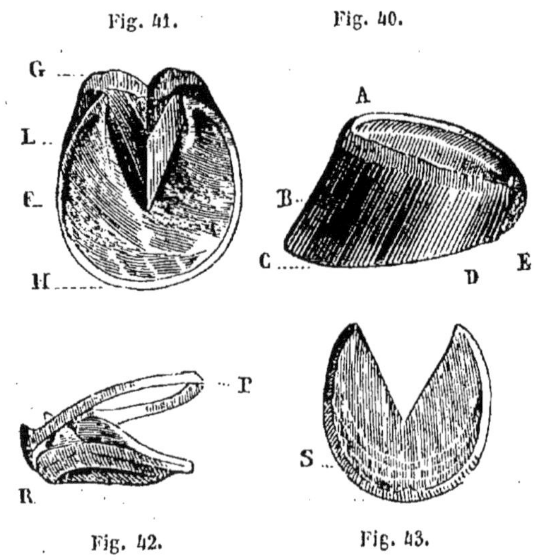

Fig. 41. Fig. 40.

Fig. 42. Fig. 43.

crure, très-épaisse vers les talons. La fourchette fournit un appui élastique au pied, et l'espèce de lacune qui existe dans son milieu contribue à donner du ressort à la sole.

Quoique la muraille paraisse être d'un seul morceau, cependant, par la macération, on en détache une bande qui ceint le bord supérieur et descend jusqu'au talon ; c'est la *bande coronaire* ou périople P, fig. 42. Cette bride, unie à deux petites plaques, dites *glomes*, appliquées sur les talons, sert à consolider le sabot, et contribue, avec le vernis qui le recouvre, à le protéger contre les influences atmosphériques. La figure 41 montre en dessous la fourchette telle qu'elle est placée entre les barres et les talons ; elle montre également la sole encastrée dans la muraille.

De la disposition des différentes parties du sabot résulte une propriété bien importante dans la locomotion : c'est l'*élasticité* de l'enveloppe cornée, qui lui permet de se dilater et de se resserrer pendant la marche. Voici comment agit ce mécanisme : au moment où l'*appui* s'opère, l'os du pied, sous la pression du poids du corps qu'il supporte, tend à descendre dans le sabot vers la pince ; il comprime la voûte du pied, et celle-ci, en s'affaissant, réagit sur le pourtour de la paroi qu'elle dilate. Au *lever*, il se produit un effet inverse. Cette élasticité a pour résultat d'amortir la réaction de la marche et d'en seconder le mouvement par une espèce de ressort.

Les qualités d'un bon pied résident dans sa conformation et sa texture. La courbe de la muraille doit être rapprochée de celle du cercle plutôt que de celle de l'ovale; sa paroi sera forte et suffisamment élevée au point où elle se contourne pour former les talons, qui doivent être hauts et forts ; la sole sera concave et évidée,

Fig. 44.

Fig 45.

la fourchette bien nourrie, surtout à sa base. La corne ne doit être ni trop sèche ni trop tendre; sa couleur doit être noirâtre ; sa surface unie, sans gerçures, crevasses ni cercles.

Les pieds défectueux sont : le pied trop *grand* ou trop *petit;* le premier se trouve dans les races communes; il en est de même du pied *plat*, fig. 44, caractérisé par la sole plate et les talons bas. Le pied *comble* est l'exagération du vice précédent ; la sole est convexe au lieu d'être concave; ces deux espèces de pieds sont exposées à l'usure et aux altérations de la sole par le contact des inégalités du terrain. Les pieds à *talons bas* ou à *talons faibles* sont sujets à être foulés.

Les défectuosités, dans un ordre inverse des précédents, sont le pied *encastellé*, fig. 45, caractérisé par le défaut d'obliquité de la paroi, la grande élévation, et le resserrement des talons. Ces sabots ont peu d'élasticité et compriment souvent les organes qu'ils renferment. Cette défectuosité est d'autant plus grave, qu'elle se rencontre surtout chez les chevaux fins, dont le pied supporte les réactions violentes de la course. Les pieds *étroits*, les pieds à *talons serrés* ont quelque analogie avec le pied encastellé, et peuvent exercer également une pression douloureuse sur les parties internes ou en gêner l'action. Le pied *rampin*, qui se rencontre surtout chez l'âne et le mulet, a pour caractère d'être droit comme le pied encastellé, mais il en diffère par un évasement plus en rapport avec l'étendue du pied interne et par sa position plus perpendiculaire au sol ; ces pieds prédisposent les animaux aux efforts de boulet. Le pied est dit *pinçard*, quand le cheval n'appuie sur le sol que l'extrémité antérieure.

Sous le rapport de la solidité de la corne, on distingue encore les pieds *mous* ou *gras* à corne très-tendre ; on appelle pied *dérobé* le pied ayant des éclats ou des brèches au bord plantaire de la paroi ; la friabilité d'une corne trop sèche peut en être la cause.

On remédie en partie par la ferrure comme on le verra plus loin, aux différents défauts qui viennent d'être signalés. Outre ces défec-

Fig. 46. Fig. 47.

tuosités, il y a des tares apparentes à l'extérieur du sabot. A son bord supérieur, il peut exister un suintement provenant d'une lésion intérieure ; on peut y remarquer des solutions, suite d'opérations, de maladies graves du pied. La muraille offre encore quelquefois des sillons circulaires, fig. 47 ; le pied, dans ce cas, est dit *cerclé ;* les sillons sont la conséquence de la *fourbure*, de javarts, etc. La *fourbure*, accumulation ou congestion de sang dans le tissu feuilleté du pied, est le résultat d'exercices violents, de marches ou courses trop prolongées ; les *javarts* sont des tumeurs qui se développent dans les divers tissus du pied. Les gerçures longitudinales qui apparaissent quelquefois dans la corne de la muraille 1, fig. 46, se nomment *seimes*, et encore *soies*, quand elles descendent jusqu'en bas. Les *bleimes* sont des contusions affectant des points de la sole ou des quartiers, et déterminant une suppuration. La sole et la fourchette sont plus exposées que les autres parties du sabot aux altérations ; la sole est dite *battue, refoulée, échauffée,* quand elle a été lésée par la pression du sol ; elle peut être *altérée* ou *brûlée* par le fer appliqué trop chaud. Enfin, il se manifeste à la sole une maladie désignée sous le nom de *crapaud*, ulcère de la peau, qui la désorganise lentement, en laissant échapper un suintement d'une odeur repoussante.

Ferrure. — Le sabot, suffisant pour protéger le pied du cheval quand il vit à l'état libre dans les pâturages, est promptement altéré par la marche sur des routes empierrées ou pavées, et par les efforts auxquels on le soumet dans la domesticité ; la corne doit donc être protégée contre l'usure et les accidents. Les anciens entouraient dans ce but les pieds du cheval de lanières ou d'espèces de sandales ; les peuples modernes ont généralement adopté depuis quatorze ou quinze cents ans une bande de fer aplatie, et fixée à l'aide de clous sous le bord inférieur du pied, dont elle suit le contour : c'est le *fer*. On nomme *ferrure* l'art de l'appliquer convenablement ; art important, car des accidents et des tares graves peu-

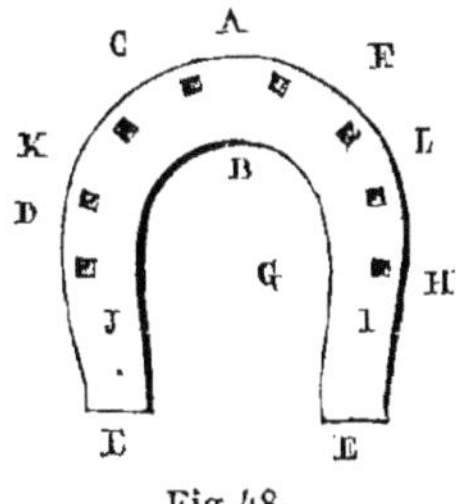

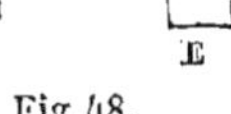
Fig 48.

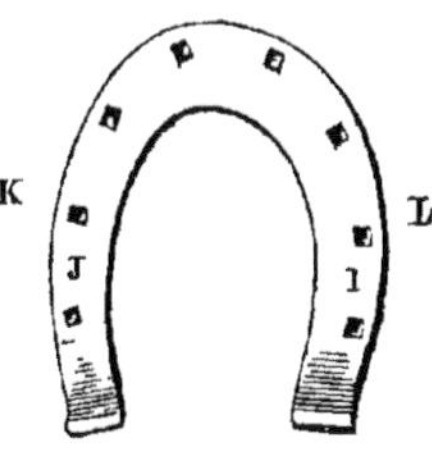

Fig. 49.

vent résulter d'une mauvaise ferrure. Cet art se modifie un peu, suivant les diverses contrées d'Europe, soit sous le rapport du procédé, soit sous celui de la forme du fer.

Le fer français ordinaire est représenté par les figures 48 et 49. La première reproduit le fer d'un pied droit de devant, la seconde celui d'un pied droit de derrière. La forme d'un sabot de derrière diffère en effet un peu de celui de devant par l'ovale plus allongé de sa forme.

Le fer, dont le poids le plus général varie de 300 à 600 grammes au plus, se divise, comme le pied, en *pinces* A, *mamelles* C, *quartiers* D, *talons* ou *éponges* E, fig. 48. On y distingue : 1° deux *faces*, l'une inférieure posant sur le sol ; c'est celle qu'on voit dans les figures 48 et 49 ; la distance de ces faces mesure son *épaisseur* ; 2° deux *branches*, l'une interne J, l'autre externe I, se réunissant en une courbure qui forme la *voûte* intérieurement et la *pince* extérieurement ; 3° deux *bords* ou *rives* : l'un, extérieur, est le contour ou la *tournure* du fer ; l'autre, interne, est la voûte ; l'espace compris entre ces deux rives est la largeur du fer ou *couvertures*.

La face inférieure du fer est percée, près du bord externe, de huit ouvertures nommées *étampures*, destinées à loger la tête des clous qui doivent attacher le fer au pied; ces ouvertures sont *contrepercées* à la face supérieure pour donner passage à la lame du clou.

Le fer est dit étampé *à gras*, quand les trous sont un peu éloignés du bord, et étampé *à maigre* dans le cas où ils en sont rapprochés. Les étampures du bord interne LL sont ordinairement étampées *à gras* plus que celles du bord externe KK. Le fer de devant est à peu près partout de la même épaisseur; la branche interne

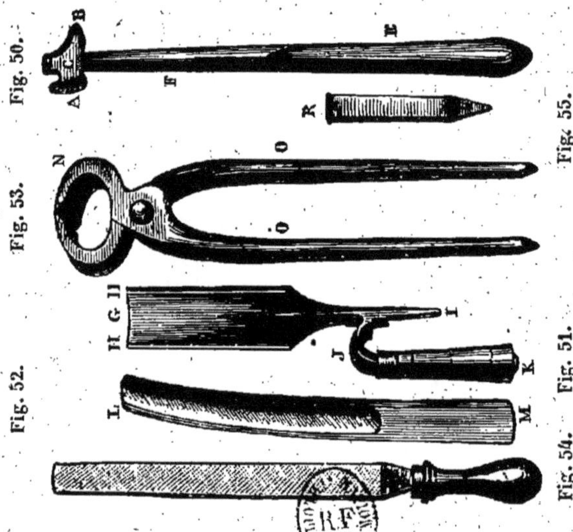

est un peu plus couverte que l'externe. Dans le fer de derrière, la pince est plus épaisse que les branches, qui se terminent ordinairement en un *crampon* M ou en une simple *mouche* N. La branche interne L est plus étroite et la pince est relevée légèrement, de manière à former ce qu'on appelle un *pinçon.*

Le fer s'attache au moyen de clous dits à ferrer d'une forme particulière, dont la lame aplatie, longue de 4 à 5 centimètres, est surmontée d'une tête massive, destinée à s'engager en partie dans l'étampure du fer et à faire saillie à sa surface. La pointe présente un biseau qui, quand on l'enfonce, est toujours tourné du côté des parties vives, afin qu'il tende plutôt à se diriger extérieurement.

Les instruments qu'on emploie pour les ferrures sont : le *brochoir*, fig. 50, espèce de marteau à tête A arrondie, dont la panne B est échancrée au milieu; le *boutoir*, fig. 51, espèce de gouge destinée à abattre la corne du sabot et *parer* le pied; on y distingue la lame G, un peu élevée sur ses bords HH, la queue I, l'arc J et la poignée K; le *rogne-pied*, fig. 52, composé ordinairement d'un fragment de sabre, servant à dériver les clous, à rogner l'excès du sabot; les *tricoises*, fig. 53, tenailles à longues branches OO, surmontées par les *mors* N; la *râpe*, fig. 54, à l'aide de laquelle on lime le bord de la corne; et enfin le *repoussoir* R, fig. 55; on l'emploie pour élargir les contre-perçures ou faire sortir les vieux clous.

On ne peut donner ici un manuel de ferrure : ce n'est que par une expérience longue et raisonnée qu'on apprend à forger, ajuster et brocher convenablement un fer; on indiquera seulement d'une manière sommaire les procédés de la ferrure et les bonnes conditions de cette opération.

Le travail du maréchal consiste, en général, soit à ôter un fer usé pour le remplacer, soit à ôter un fer non usé pour le reposer ensuite, ce qu'on nomme *rassis*, soit enfin à ajuster et poser un fer neuf.

Dans toutes ces opérations, le maréchal a besoin d'un aide qui sache lever et tenir le pied du cheval. Le cultivateur ou ses gens étant appelés quelquefois à rendre ce service, on doit donner quelques explications à cet égard. En Angleterre, le maréchal se passe d'aide; il tient le pied du cheval entre ses cuisses, se sert de la *renette* au lieu du *boutoir*, opérant alternativement de chaque main; cette ferrure demande de la force et de l'adresse. Dans la Flandre, on remplace l'aide par une espèce de travail.

Si on soupçonne que le cheval soit difficile ou qu'on ne le connaisse pas, on s'approche de lui en lui parlant et en le caressant sur l'encolure; on glisse la main sur l'épaule, ensuite sur le bras, et successivement jusqu'au boulet, qu'on saisit. Voici la position de l'aide : supposons que la jambe à ferrer soit la jambe de devant hors montoire. L'aide aura le corps droit, la jambe droite étendue et portée en avant, faisant en sorte qu'elle croise la jambe gauche du maréchal; le genou du cheval sera fixé dans l'aine droite de l'aide, et il aura ses deux mains dans le paturon en croisant ses pouces; il sera un peu incliné vers le poitrail, ce qui fait tourner le pied un peu en dehors et le détache bien du corps.

Si on a à ferrer un pied de derrière d'un cheval difficile, on commencera par passer la main à plusieurs reprises le long du dos, ensuite on la glissera sur la fesse; la main étant parvenue au milieu de l'os de la jambe, on la passera en dedans du jarret sans cependant la quitter; de la jambe on la prolongera ensuite sur le canon, et on atteindra le boulet; quelquefois, pendant qu'on glisse une main, l'autre main s'empare de la queue, et, sur-le-champ, on entouré le paturon. Pour tenir le pied de derrière, l'aide se pose de la même manière que pour le pied de devant, à l'exception que son bras droit passera par dessus le jarret; il contiendra également, au moyen de ses deux mains croisées, le boulet qu'il posera sur le haut de sa cuisse inclinée et allongée. La jambe doit être droite et non étendue.

Les chevaux très-difficiles sont maintenus au moyen du tord-nez. On met au paturon une entrave qu'on attache à la queue par une plate-longe, ou enfin on le fixera dans un travail.

Pour *enlever le fer*, le maréchal coupe avec le rogne-pied les rivets des clous, puis introduit sous l'une des branches du fer un des mors de ses tricoises, fait une pesée pour soulever le fer et en même temps les têtes des clous engagés dans ses étampures, et il peut alors saisir avec les tricoises ces mêmes clous pour les arracher. Quant aux clous ou fragments de clou qui ne cèdent pas à cette traction, il les repousse avec le *repoussoir;* il doit, en tous cas, éviter de faire l'extraction violente du fer en le tirant par l'une des branches, ce qui peut faire éclater la corne.

La *pose du fer* peut se subdiviser en plusieurs autres opérations accessoires : 1° parer le pied; 2° ajuster le fer; 3° l'attacher.

Parer le pied, c'est enlever avec les instruments la portion de corne qui se serait usée par le frottement sur le sol, si le fer ne l'eût pas garantie. La corne la plus extérieure et la plus résistante, celle qui est en excès aux arcs-boutants, s'abat la première à l'aide du rogne-pied et du brochoir. Puis le maréchal fait agir le boutoir. Le maniement de cet instrument demande de la force, de l'adresse, et une habitude particulière.

Le boutoir est tenu par la main droite; l'arc de la tige J, fig. 51, est placé entre le doigt indicateur et celui du milieu sur lequel il s'appuie. La queue protége toute la main. Le maréchal se place en face de l'aide, saisit le sabot de la main gauche, et appuyant le manche du boutoir sur la partie supérieure de son ventre au niveau de la ceinture, il fait mordre le tranchant de la corne, et communique à l'instrument l'impulsion qui résulte des forces combinées des reins et de la main droite. En règle générale, dit M. Bouley, pour bien parer un pied, il faut lui conserver sa forme naturelle, et enlever au sabot toute la portion de corne qui peut nuire par son excès à la justesse des aplombs, en se gardant bien toutefois de trop diminuer l'enveloppe cornée. On doit, en parant la fourchette, n'enlever qu'une pellicule mince à sa surface, et laisser également aux arcs-boutants l'ampleur nécessaire à l'appui qu'ils prêtent à la sole.

Le pied étant paré, le maréchal forge ou choisit dans son atelier un fer qui s'y adapte. Quand le cheval à ferrer est éloigné de la forge, on a pu prendre préalablement la mesure, soit sur un vieux fer de ce même cheval, soit à l'aide d'une feuille de papier qu'on pose sur le pied paré, le papier excédant replié sur la muraille. La feuille reçoit l'empreinte de la surface plantaire. Le cultivateur peut donner ainsi au maréchal, qui le conserve, le contour d'un pied de devant et d'un pied de derrière de ses chevaux.

A l'aide de ce procédé, on peut employer la ferrure à froid dite *podométrique*, introduite depuis quelques années dans les régiments de cavalerie ; cependant, la ferrure à chaud exécutée par un maréchal intelligent sera toujours préférable.

Le fer étant choisi même sur mesure, le maréchal a toujours besoin de lui donner la *tournure*, l'*ajusture* et la *garniture* convenables. On entend par tournure la forme déterminée, la courbe que décrit la rive extérieure du fer ; par ajusture, l'espèce de concavité qu'on donne à la face supérieure du fer, près de la pince, afin d'empêcher la compression de la sole ; les branches restent plates. L'ajusture, en relevant la pince, facilite la progression et le mouvement de bascule du pied d'avant en arrière pendant la marche. On nomme garniture la portion de fer qui déborde le sabot ; la garniture se donne ordinairement au bord extérieur du fer de devant ; elle a pour objet de soutenir la corne qui pousse plus rapidement en ce point, et d'augmenter la base et l'appui. Pour *ajuster* le fer, le maréchal le pose tout chaud encore sur le pied paré, et examine rapidement, en portant la tête à droite et à gauche, en avant et en arrière, s'il porte bien, s'il ne comprime pas la sole, si les éponges ne sont pas trop longues. Cette opération doit se faire rapidement ; le fer doit n'être pas trop chaud ; autrement il brûle et dessèche la corne.

Lorsque le fer est ajusté, on le trempe dans l'eau, ou débouche les étampures ; on le pose de nouveau bien ajusté, on le fixe en commençant par deux clous de la pince et finissant par les branches. L'action d'enfoncer les clous se nomme *brocher*. Le clou est présenté à l'étampure, le biseau tourné vers les parties vives. Le méréchal donne deux ou trois petits coups, et juge à la sonorité si le clou pénètre dans la paroi ou s'il a fait fausse route ; dans le premier cas, le son est clair ; il est sourd dans le second. Les clous brochés trop haut peuvent *enclouer*, *piquer* ou *serrer* le pied ; brochés trop bas, ils ne prennent pas assez de corne, et le fer n'est pas solide. Un clou, pour être bien implanté, doit sortir au-dessus de son rivet. Tous les clous doivent être brochés sur la même ligne. Lorsque les rivets apparaissent les uns plus haut, les autres plus bas, on dit que le pied a été *broché en musique*.

Tous les clous étant brochés, le maréchal en enfonce les têtes dans l'étampure, replie l'extrémité des pointes qui sortent de la muraille, et, en appuyant ses tricoises sur cette extrémité, les rive sur la paroi. Il termine l'opération en donnant un coup de râpe sur la partie inférieure de la muraille pour la mettre de niveau avec le bord du fer; cette opération doit être faite avec ménagement, pour ne pas enlever l'espèce de vernis qui protége la corne.

Un pied est bien ferré quand le fer protège suffisamment le pied sans nuire à son élasticité; qu'il porte bien dans toute son étendue; que l'ajustage est assez prononcé pour faciliter le mouvement de bascule du pied de devant; qu'il protège la sole sans la toucher,

Fig. 56.

Fig. 57.

lorsque les éponges garantissent suffisamment les talons, sans s'opposer à leur dilatation; que la tournure suit bien le contour du fer, en laissant la garniture où elle est nécessaire et ne faisant pas saillie à la partie interne; lorsqu'enfin les rivets se dessinent sur une ligne régulière. Les figures 56 et 57 montrent la face plantaire et le pro-

Fig. 58.

Fig. 59.

fil d'un pied de devant ferré; les figures 58 et 59 un pied de derrière.

Une ferrure raisonnée et l'emploi intelligent du boutoir peuvent, jusqu'à un certain point, remédier aux vices de conformation du pied et à certains défauts d'aplomb. Voici quelques indications des procédés suivis dans ce but.

Pied grand, parer le pied de manière à diminuer le pourtour, fer un peu couvert avec étampure maigre; *pied petit*, fer léger étampé loin du talon, garnissant beaucoup; *pied encastellé*, ou à *ta-*

lons serrés, parer à plat, ne pas toucher aux arcs-boutants ni à la fourchette, donner un fer à éponges tronquées ou réunies par une traverse (fer à planche, fig. 60) ; *pied plat*, ferrure analogue à celle du pied grand ; *pied comble*, fer *couvert* (c'est-à-dire à branches

Fig. 60. Fig. 61.

plus larges, fig. 61), beaucoup d'ajusture, étampure maigre. Si la convexité de la sole est trop prononcée, on emploiera un fer à *bords renversés ;* c'est un fer dont les rives, rabattues en dehors, font une saillie assez élevée pour que la sole ne touche pas la terre.

Pied mou, *fer léger* sans garnitures, parer légèrement, étamper

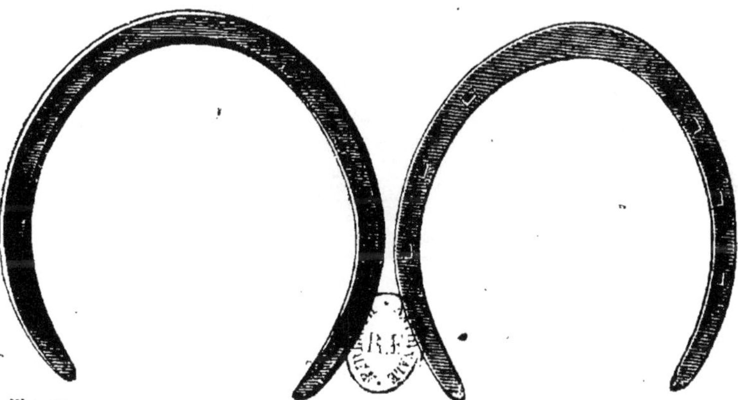

Fig. 62. — Fer périplantaire à devant. Fig. 63. — Fer périplantaire à derrière.

gras. *Pieds derobés*, fer mince, peu couvert, à étampure irrégulières.

Les défauts d'aplomb ont pour résultat de porter l'appui soit sur la pince, soit sur le talon, soit sur les quartiers externe ou interne. Les pieds courts, *pinçarts* et le pied *bot* portent l'appui en pince ; la même tendance s'observe chez le cheval long-jointé, bouleté, arqué ou sous lui. Pour remédier par la ferrure à ces défauts, en général on reporte l'appui sur les talons en parant peu en pince, et donnant un fer qui garnit dans cette partie, et dont les éponges sont courtes.

Si l'appui se porte trop sur les talons, ce qui arrive quand le pied est long, le talon bas, plat ou comble, ou que le cheval est long-jointé, campé du devant, coudé du jarret, on reporte l'appui en pince en parant la pince et les quartiers, et en ménageant les talons par l'emploi d'un fer à fortes éponges.

L'appui porte sur le quartier externe quand le cheval est ca-

Fig. 64. — Feuillure pour la ferrure périplantaire.

gneux, et sur le quartier interne quand il est panard ; on comprend qu'il faut parer plus fortement le quartier opposé à celui qui porte l'appui anormal, et donner au contraire à la branche qui protège celui-ci plus d'épaisseur.

Toutefois, lorsque les défauts d'aplomb tiennent à la déviation des rayons osseux des membres, on ne doit pas espérer de rétablir complétement, à l'aide de la ferrure seule, la régularité des aplombs ; on ne peut que pallier le mal et l'empêcher de s'aggraver.

Lorsque le cheval *forge*, c'est-à-dire lorsqu'en trottant il atteint avec la pince de ses sabots postérieurs, soit la face plantaire du pied de devant, soit les talons, M. Bouley conseille de parer les talons des membres antérieurs, en laissant à la pince toute sa hauteur, et d'adapter un fer épais en pince et mince en éponge ; on parera, au contraire, la pince des membres postérieurs sans toucher aux talons; par ce moyen, on rétablit l'équilibre dans le mouvement des deux bipèdes ; le cheval ne forgeant, d'après cet habile professeur, que parce que les membres antérieurs sont trop lents dans leur action.

Fig. 65. — Clou pour la ferrure périplantaire.

Quant au cheval qui se *coupe* ou *s'entaille* en marchant, on adapte au pied qui atteint l'autre un fer dont la branche interne est courte, rétrécie, très-épaisse, portant seulement une ou deux étampures en pince, et taillée en biseau, sur la rive externe et à l'éponge. Ce fer, dit *à la turque*, ne doit d'ailleurs être employé que par intermittence, car il a pour inconvénient de fausser les aplombs.

La plupart des inconvénients de la ferrure usuelle, sinon tous,

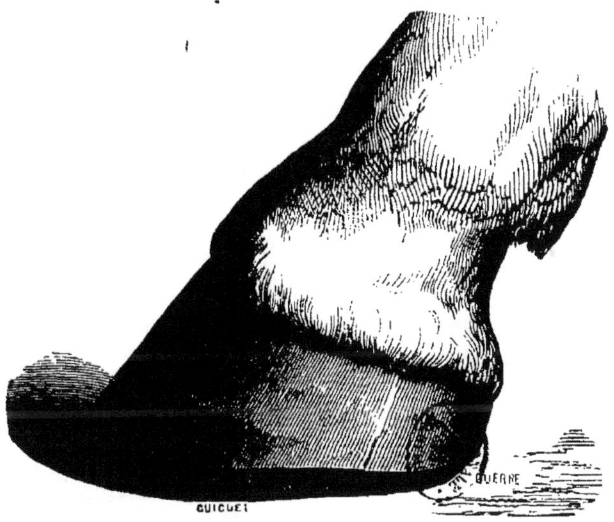

Fig. 66. — Pied muni du fer périplantaire.

peuvent être évités à l'aide du système imaginé par M. P. Charlier, et qui porte le nom de *ferrure périplantaire*.

Les principaux avantages de ce système sont les suivants : 1° il permet de diminuer considérablement le poids du fer, pour une durée à peu près égale de la ferrure ; ce qui est à la fois une économie de la matière employée et de la force dépensée par le cheval chaque fois qu'il lève le pied pour marcher ; 2° il oblige l'ouvrier qui l'applique à conserver aux talons, à la sole, aux arcs-boutants, la hauteur et l'épaisseur nécessaires pour que le pied demeure avec les proportions qui assurent au membre un aplomb normal.

Les figures 62 à 67 donnent de ce système une idée suffisante pour

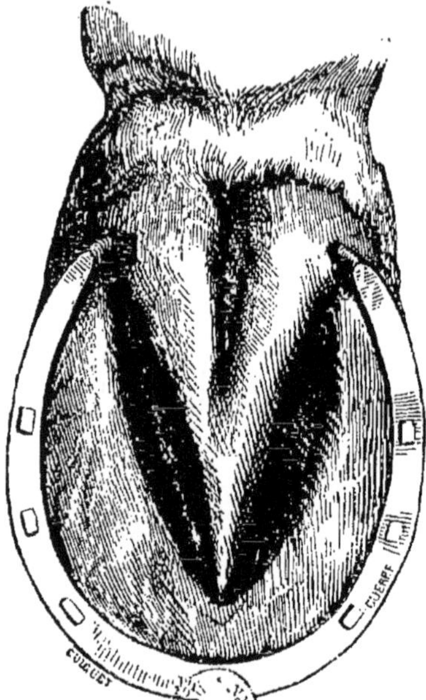

Fig. 67. — Le même pied en dessous.

qu'il n'y ait pas lieu de le décrire longuement. Avec le boutoir, fig. 68, dont le champ est limité par une arête inférieure et longitudinale, on entaille le bord plantaire de la paroi, de façon à creuser au bas de la sole une rainure dans laquelle le fer à branches étroites,

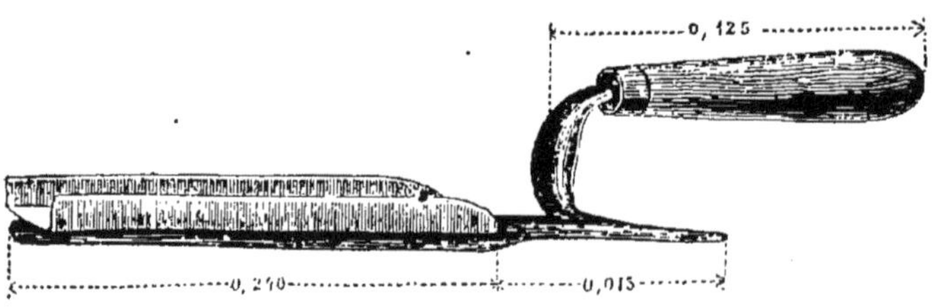

Fig, 68. — Boutoir pour la crrure périplantaire.

ainsi qu'on le voit sur la fig. 62, vient se loger. Les étampures de ce fer, moins nombreuses que celles du fer ordinaire, sont faites de manière à loger entièrement la tête du clou, représenté par la figure 65.

Malgré des oppositions passionnées, l'avenir de la ferrure Charlier, pratiquée avec intelligence et habileté, est maintenant assuré. Des expériences sérieusement poursuivies sur une grande échelle l'ont sanctionnée de la façon la plus évidente.

SECTION II. — ENSEMBLE DU CHEVAL.

§ 1. — *Dimension, poids et proportions.*

Taille. — Les dimensions du cheval varient suivant l'âge, la race, le sexe, les conditions d'élevage et de régime auquel il a été soumis. La *hauteur* prise du sol au garrot ou la *taille*, la distance du garrot au poitrail, la largeur du poitrail lui-même, la longueur du tronc, la hauteur des membres, sont les principales dimensions à constater; mais c'est la *taille* surtout qu'on détermine d'ordinaire par une mesure précise.

On se sert habituellement, pour mesurer la taille, de la potence, et plus simplement d'une *chaînette* ou d'un fouet. La *potence* ou *toise* est une règle plate, haute de 2 mètres, portant les divisions du mètre à partir de son extrémité inférieure, et munie d'une traverse mobile glissant le long de la règle. Quand on veut mesurer un cheval, on le place immobile, les jambes rapprochées, sur un sol solide et bien horizontal; on pose la potence perpendiculairement près de l'épaule, et on abaisse la traverse jusqu'à ce qu'elle effleure le garrot; on lit au-dessous de la traverse, sur la tige, la hauteur de la taille. Si on se sert d'un fouet, on pose également l'extrémité du manche sur le sol, et on achève de prendre avec la lanière la hauteur du garrot. La longueur se prend avec la toise placée horizontalement, l'extrémité étant bien au niveau de celle des fesses, ou à l'aide d'un ruban métré. Ce même ruban sert à prendre le tour de la poitrine derrière l'épaule, la largeur du poitrail d'une pointe de l'épaule à l'autre, etc.

La taille du cheval varie dans des limites assez étendues. On voit des poneys de 1 mètre et des chevaux d'attelage dépassant 1 mètre 80 centimètres. Le cheval anglais *le Géant* mesurait en garrot 2 mètres 10 centimètres, et sa longueur était de 2 mètres 14 centimètres. La taille exigée pour les divers services dans l'armée française est:

Réserve, carabiniers et cuirassiers............	1m 54 à 1m 66
Ligne, dragons et lanciers....................	1 51 à 1 54
Cavalerie légère, chasseurs et hussards.........	1 47 à 1 51
Artillerie et train...........................	1 48 à 1 54
Mulets......	1 43 à 1 54

Le **poids** est ordinairement en rapport avec la taille ; cependant le volume de différentes parties du corps peut modifier beaucoup cette relation. Dans les chevaux d'un type analogue, comme le cheval de gros trait ou trait léger, cette relation est plus constante, quoique avec des différences assez sensibles. Voici des moyennes et des extrêmes du poids comparé à la taille, déduites de nombreuses pesées faites à l'occasion d'expériences de M. Baudement sur l'alimentation ; des chevaux de carabiniers, de ligne et de lanciers ont été l'objet de ces pesées.

Cheval de 1m 60 à 1m 66	moyenne	560k	extrém.	de 458k à 667k
1 54 à 1 60		540		de 406 à 615
1 50 à 1 54		445		de 187 à 530
1 47 à 1 50		380		» »

Pour les types de gros trait, le poids est proportionnellement plus considérable : de forts limoniers pèsent jusqu'à 750 kil. ; cependant, le poids du cheval de trait ordinaire oscille entre 400 et 600 kil.

Quant au poids des diverses parties d'un cheval abattu, voici quelques chiffres empruntés à M. Boussingault. La première colonne de chiffres indique le poids, et la seconde le rapport en centièmes du poids total (455 kil.).

Chair	280k	57,4	Issues	30k	7,5
Os	50	12,5	Peau	25	6,2
Sang	28	7	Crins	5	0,1
Graisse	35	8,7	Sabots et fers	2,5	0,6

Proportions. — Les dimensions, le poids et le volume des diverses parties du corps ont entre eux des rapports de proportion et d'harmonie nécessaires, non seulement à la beauté de l'ensemble, mais à la régularité des fonctions de la machine animale. Ainsi, le poids doit se répartir sur les quatre membres qui le soutiennent, de manière que le centre de gravité soit placé à peu près à une égale distance de chacun d'eux. Ainsi, un grand développement musculaire suppose une charpente osseuse, assez solide pour lui fournir des leviers résistants, et une vaste poitrine où s'accomplit librement l'action du poumon, accélérée par des efforts énergiques. La puissance des membres postérieurs doit s'équilibrer avec une force suffisante des membres antérieurs pour supporter l'effort qui projette la masse en avant. La hauteur du corps suppose la longueur des membres. L'étendue de ses rayons suppose à son tour dans le tronc une longueur suffisante pour le développement de leurs rayons.

Bourgelat a essayé de ramener les proportions et les dimensions des différentes parties du cheval à un module analogue à celui adopté pour l'architecture ; son module est la tête du cheval, qu'il subdivise en *primes*, *secondes* et *points;* une tête égale 3 primes, la prime 3 secondes, la seconde 24 points. La tête répond ainsi à 216 points. Cette unité de mesure admise, l'auteur établit ensuite les proportions suivantes de diverses parties du corps.

Du garrot à terre (taille du cheval) et de la pointe de l'épaule au niveau de la pointe de la fesse (longueur du cheval) 2 têtes, 1 prime, 1 seconde et 12 points, soit 2 têtes et demie. De la croupe à terre, 2 têtes, 1 prime et 6 points. Distance de la nuque au garrot, diamètre du tronc, largeur du poitrail, 1 tête. Écartement des hanches, distance du coude au genou, du genou à terre, 2 primes, 1 seconde et 9 points. Largeur du sabot, 32 points. Nous omettons d'autres proportions.

Ce système, établi en vue de la beauté artistique, a l'inconvénient de baser les proportions sur une région (la tête) dont les dimensions sont fort variables, et dont le rapport absolu, nécessaire avec toutes les autres parties du corps, n'est pas bien démontré. Les proportions du cheval de gros trait sont évidemment différentes de celles du cheval de course ; chez le premier, une croupe un peu avalée, une épaule un peu inclinée, un avant-main chargé de masses musculaires volumineuses, sont des conditions avantageuses pour le but auquel il est destiné ; ce sont, au contraire, des défauts pour le cheval de course. Mais dans le cheval léger même, que Bourgelat avait en vue, les proportions qu'il assigne ne sont pas rigoureuses. Il y a, en réalité, peu de chevaux dont la taille ou la longueur n'excède deux fois et demie la longueur de la tête ; la taille du fameux cheval *Éclipse* mesurait 8 têtes. La similitude de longueur et de hauteur du cheval, telle que l'animal puisse être inscrit dans un carré parfait, se rencontre quelquefois, mais elle n'est pas toujours l'indication d'une perfection ; la longueur peut, sans inconvénient, excéder la hauteur de 5 à 10 pour 100. La longueur du corps suppose, il est vrai, la longueur et la faiblesse des reins, l'étendue des flancs ; mais un cheval peut être plus long que haut, parce que ses membres sont plus courts, ce qui est souvent un avantage pour la force ; l'animal est dit alors *près de terre;* il peut encore être plus long, parce que son épaule est plus oblique, sa croupe plus étendue ; les chevaux vites sont dans ce cas. Un cheval plus court que haut, s'il tient cette disposition de la brièveté des reins seulement, présente plus de solidité pour la selle, mais si c'est le résultat d'une épaule trop droite, de la longueur des membres, de l'abaissement du garrot, ce sera une défectuosité. Si les membres son trop longs, on dit que le cheval est *haut monté.* On ne peut guère limiter d'une manière absolue la longueur du jarret, la longueur de l'avant-bras, celle de l'épaule.

Toutefois, mettant à part ce qu'a de trop absolu le système de Bourgelat, on pourra s'en aider pour apprécier les proportions des animaux, et les préciser, jusqu'à un certain point suivant leur destination; il sera convenable seulement de laisser de côté son module, avec ses parties aliquotes, qui se prêtent difficilement au calcul. On peut prendre simplement, pour point de comparaison, la taille qu'on représente par 100; en mettant les autres proportions en rapport décimal avec elles, si on adoptait les proportions de Bourgelat, les principales mesures qu'il donne seraient, avec la taille, dans les rapports suivants :

Taille	1,000
Longueur du tronc	1,000
Hauteur de la croupe	0,950
Tête et diamètre du tronc, poitrail	0,400
Distance d'une hanche à l'autre, du jarret à terre	0,400
Du coude au pli du genou, du genou à terre	0,330

Un exemple fera comprendre facilement l'usage de cette petite table. Soit un cheval haut de $1^{m},50$: on aura la hauteur du genou à terre en multiplant $1^{m},50$ par $0^{m},33$, ce qui donne $0^{m},495$; on peut trouver la taille par la mesure du genou à terre : on divise $0^{m},33$ par la hauteur 495; on trouve de même la hauteur normale de la croupe en multipliant la taille par $0^{m},95$. C'est une hauteur de 5 pour 100 de plus au garrot; un cheval qui aurait une hauteur égale serait trop *bas du devant*, ou pécherait par le peu de hauteur de la poitrine. Les allures du cheval bas du devant peuvent être plus rapides, mais elles sont moins sûres; un excès de hauteur du devant surcharge l'arrière-main.

Plusieurs termes sont consacrés pour désigner dans le cheval l'harmonie de ses parties ou de son ensemble. Ainsi, quand cette harmonie règne surtout dans les lignes de l'encolure du dos de la croupe, on dit qu'il a un *beau dessus*, et quand cette harmonie est dans les lignes du devant et des membres, il a un beau *dessous;* un cheval est *bien suivi* et a un *bel ensemble* quand cette harmonie est générale. Un cheval qui pèche par le défaut d'ensemble est *décousu*. Pour apprécier l'ensemble du cheval au point de vue du volume, on dit aussi un cheval lourd, massif, qui *a du gros*, de *l'étoffe;* un cheval est *léger*, *fin*, *grêle;* une *ficelle* est le cheval grêle de membres et de poitrine. Un cheval est *commun* ou *distingué;* il a de la *race;* du *sang*, du *cachet*, de la *lame*, du *bouquet*, etc.

§ 2. — *Constitution, santé, tempérament, sexe.*

Constitution. — Nous avons indiqué d'une manière complète, dans la *Zoologie agricole*, les caractères d'une bonne constitution; on n'oubliera pas toutefois que les signes extérieurs ne sont pas toujours infaillibles; si, par exemple, une large poitrine fait supposer l'amplitude dans l'action des organes respiratoires, un cœur peu volumineux, d'une contractilité faible, un sang pauvre, peuvent annihiler en partie cet avantage; la densité des os, la contractilité de la fibre musculaire, l'influx nerveux, jouent dans la locomotion un rôle important, quoique ces qualités ne se traduisent pas toujours par des signes extérieurs; toutefois, on se trompera rarement sur le cheval qui réunira l'ensemble des conditions que nous avons résumées.

L'embonpoint du cheval, s'il n'est pas excessif et ne provient pas d'un engraissement fait pour la vente, ou d'un tempérament trop lymphatique, est une condition favorable : il indique un cheval qui se nourrit bien, ou a été convenablement traité. L'embonpoint devra s'allier au développement et à la fermeté des tissus musculaires et tendineux sous le palpe de la main.

État de santé. — On se défiera de l'animal au poil piqué, à la peau adhérente aux côtes, qui unira à la maigreur la flaccidité des tissus. L'air morne, abattu ou inquiet, le flanc retroussé, le battement irrégulier du flanc, les extrémités froides ou trop chaudes, les membranes injectées ou très-pâles, sont des signes qui feront mal augurer de la santé d'un animal.

Le tempérament se modifiera un peu suivant les types. Le tempérament musculaire, un peu lymphatique et sanguin, convient au cheval de gros trait, dont l'effort doit être puissant et soutenu; ce tempérament se modifiera de manière à devenir plus sanguin et plus nerveux dans le cheval de trait léger. Le tempérament sanguin nerveux prédominera dans le cheval de vitesse; cependant, si on exige en même temps du fond et de la force, le tempérament musculaire, mais dégagé de l'excès de lymphe et de graisse, viendra s'harmoniser avec le système nerveux et sanguin. L'art de l'éleveur modifie les tempéraments et, jusqu'à un certain point, la constitution; il peut, comme nous le verrons plus tard, par un choix raisonné de la nourriture et du régime, donner du *gros*, du sang, du nerf (ou plutôt de l'excitabilité nerveuse).

Caractère, aptitudes. Quoique le cerveau, siége de l'intelligence, soit peu développé chez le cheval, cependant on trouve chez lui toutes les qualités ou les défauts qui procèdent de l'intelligence, la volonté et les passions affectives; il a une grande mémoire des lieux : tel cheval reconnaît après dix ans le chemin qu'il a parcouru une fois, le lieu où il s'est arrêté, où il a éprouvé de bons ou mauvais traitements. Le cheval peut être dressé à une foule d'exercices qui indiquent un raisonnement : on raconte qu'un cavalier étant tombé de son cheval et resté évanoui, l'animal retourna à la maison d'où sortait son maître, frappa à la porte avec son sabot, et, après qu'on lui eut ouvert, reprit le chemin du lieu où gisait son maître, indiquant ainsi aux personnes qu'elles eussent à le suivre. On cite beaucoup de traits de ce genre. Le cheval est accessible à la plupart des passions bonnes ou mauvaises : il s'attache soit à l'homme, soit aux autres animaux; il est aimant, franc, généreux ou méchant, haineux, sournois, vindicatif; le cheval apprécie très-bien son conducteur, et mesure à l'habileté ou à l'énergie de celui-ci le degré de docilité. Il y a des chevaux doux, dociles, sans volonté, d'un caractère entièrement passif; d'autres chatouilleux, ombrageux, difficiles, entêtés, rétifs, indomptables; les uns actifs, hardis, courageux; d'autres paresseux, timides, poltrons. Le cheval est susceptible d'une grande émulation. Du reste, ces défauts, ces qualités, ces instincts peuvent se modifier sous l'influence de l'élevage et du dressage, ce qui constitue l'éducabilité; on parlera des divers défauts du cheval à l'occasion du dressage et de l'utilisation.

Les sexes et l'âge apportent encore dans l'extérieur du cheval des différences dont il faut tenir compte. Le cheval *entier* est le cheval mâle qui n'a pas subi la castration. Le cheval *hongre* est le cheval castré. La castration ralentit l'accroissement des parties antérieures au profit des parties postérieures. Le cheval castré a l'encolure plus mince, la croupe plus développée, il a plus de prédisposition à la graisse, il a également le caractère plus souple et plus doux; mais le cheval entier a plus de vigueur, plus de rigidité peut-être dans la fibre musculaire, il est capable d'un effort plus énergique; il est aussi plus intraitable; il est souvent méchant pour ses voisins d'écurie, dangereux parfois pour l'homme. On ne peut que difficilement l'associer aux juments dans le travail; il est également plus sujet aux maladies inflammatoires; cependant, malgré ces inconvénients, le service des postes, des diligences, les emploie de préférence, et l'agriculture, qui les revend à ces services, doit souvent les introduire dans la ferme.

La jument possède la plupart des avantages du cheval hongre; sa conformation pèche cependant par un cou mince, une poitrine plus étroite, tandis que le bassin, le ventre, le flanc, prennent plus de développement; elle n'est pas capable d'un effort aussi énergique; elle est quelquefois chatouilleuse à l'époque des chaleurs; elle consomme peut-être plus que le cheval hongre. L'adoption, dans une ferme, de chevaux hongres, entiers ou de juments, se lie nécessairement à des considérations d'élevage.

§ 3. — *Robes et signalements.*

La peau du cheval peut être considérée : 1° dans son tissu, comme organe tégumentaire destiné à revêtir le corps, à le protéger contre l'action des agents extérieurs, et à fournir une issue à la transpiration ; 2° comme siége du tact et moyen de transmission des impressions extérieures ; 3° en raison de la couleur et de la nature du poil qui le recouvre, comme un caractère distinctif de l'individu ou de la race. La peau, organe d'une absorption et d'une sécrétion très-active, joue un grand rôle dans la santé de l'animal ; la suppression brusque de la transpiration ou l'excès de cette sécrétion, l'absorption du froid, de la chaleur, de l'humidité, apportent dans l'organisme des perturbations qu'on essaye de prévenir par des soins d'hygiène, tels que le pansage à l'étrille, à la brosse, au bouchon de paille, par des couvertures. La peau est plus fine et plus dense dans les races distinguées et les chevaux du midi, plus épaisse et plus spongieuse chez les animaux du nord, si surtout ils vivent au pâturage ; la peau est plus forte et plus adhérente sur la croupe, les reins, aux extrémités des membres, plus mince et plus sensible sous le ventre, entre les cuisses.

Le poil change deux fois par an chez le cheval, dans les climats à hiver froid du moins, car en Arabie cette espèce de mue n'a pas lieu. A l'automne, un poil plus long et plus rude succède au poil ras et doux que le cheval a pris au printemps ; la pousse du poil d'hiver, qui surexcite l'action de la peau, l'abondance du poil même, qui provoque la sueur et ne permet pas cependant qu'elle sèche aussi facilement, ne sont pas sans quelque influence sur la santé et l'activité du cheval. Elle paraît le débiliter un peu ; elle l'expose davantage à des arrêts de transpiration ; c'est ce qui a fait introduire le *tondage* des chevaux.

Tondage. — Dans quelques parties du midi de la France, les chevaux sont tondus dans la partie supérieure du tronc, soit pour raison d'hygiène, soit afin qu'ils sentent mieux le fouet. Dans le nord, les chevaux de luxe sont exclusivement soumis au tondage complet ; cependant, il est question d'introduire dans la cavalerie de l'armée cette méthode, dont on a reconnu les bons effets. Le tondage se fait soit à l'aide de petites forces, soit avec des ciseaux courbes à grands anneaux ; on s'aide, dans ce dernier cas, d'un peigne pour relever le poil. On termine le travail en flambant et brûlant les poils qui ont échappé aux ciseaux. M. de Nabat a inventé un appareil ingénieux pour effectuer cette opération. Le rasement du poil a lieu rapidement, à l'aide presque exclusivement de l'*étrille à esprit de vin* ou *à gaz*, fig. 69. Un tube transversal *bb* percé de 4 ou 6 trous, est vissé sur un petit récipient *a* rempli d'esprit de vin, et dans lequel aboutissent des mèches qui vont sortir par les trous du tube. On allume les mèches, et l'opérateur, tenant une brosse d'une main, promène de l'autre la flamme successivement sur toutes les parties du corps et brûle le poil. Bien faite, cette opération ne paraît pas faire éprouver à l'animal une sensation douloureuse. Quand on a le gaz à sa disposition, on l'amène à l'intérieur de l'outil par un tube en caoutchouc, qui se visse à la base de la poignée. Un tondage aux ciseaux exige deux jours de travail, au feu un jour.

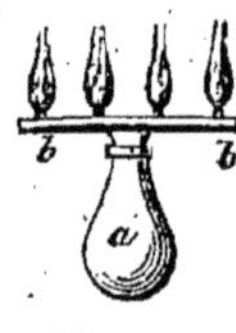

Fig. 69.

Les crins, sécrétion pileuse, diffèrent du poil lui-même. Ils ne sont pas exposés à la mue ; arrivés à leur développement, leur croissance, même quand on les coupe, est peu sensible. Les crins sont plus abondants chez le cheval entier, plus fins à la crinière qu'à la queue. Les longs poils, espèce de crins qui garnissent les extrémités de certains chevaux, sont un caractère de race commune.

La direction des poils, à peu près uniforme de haut en bas, offre cependant quelques accidents, qu'on nomme *épis*, *écussons*, auxquels les Arabes rattachent des idées de beauté ou de vigueur pour l'animal, et même de bonheur ou de malheur pour le cavalier. On a essayé, mais sans beaucoup de succès, de trouver chez la jument, comme chez la vache, des rapports entre les épis et les qualités laitières.

Robes. — *La couleur des poils* constitue ce qu'on appelle la *robe*. La connaissance des robes fait la base de la science des signalements, plus utile aux vétérinaires de l'armée qu'au cultivateur, et que nous réduisons, pour ce motif, à quelques généralités essentielles. On divise les robes en deux grandes classes : 1° robes d'une seule couleur (unicolores); 2° robes de plusieurs couleurs (multicolores).

Les robes unicolores se partagent en deux catégories : la première, à couleur uniforme, les extrémités et les crins compris; cette catégorie renferme les chevaux noirs, blancs et les alezans. La deuxième, qui diffère seulement par la couleur noire des extrémités et des crins, renferme également trois subdivisions : les chevaux *bai*, *isabelle* et *souris*. Les isabelle et les souris ont, en outre, sur le dos, une raie noire appelée *raie de mulet.*

On peut, dans la classe des chevaux multicolores, faire également deux grandes catégories : la première, où les couleurs sont en quelque sorte fondues ensemble, au moyen du mélange des poils de diverses couleurs ; cette catégorie renferme les robes à poils de deux couleurs, le *gris*, l'*aubert*, le *louvet*, et la robe à poils de trois couleurs, le *rouan*. Dans la deuxième catégorie sont les robes où les couleurs sont disséminées par taches plus ou moins larges ; on les nomme *pies*.

Disons un mot maintenant de chacune de ces espèces de robes. Le *noir*, suivant sa nuance, est *foncé* s'il est sans reflet, *noir jayet* avec reflet, *mal teint* s'il présente quelques nuances de brun.

Les chevaux complétement *blancs* sont très-rares ; cependant, on peut les dénommer ainsi quand cette couleur est à peu près exclusive ; il y a le blanc mat, le blanc sale, le blanc *porcelaine*, qui doit son reflet *bleuâtre* à la couleur de la peau.

Les robes *bai* et *alezanes* sont les plus communes : elles présentent toutes les nuances du rouge commençant presque au noir et finissant aux teintes les plus claires. Le bai ne diffère de l'alezan que par ses extrémités et ses crins noirs. Le bai, en partant de la couleur la plus foncée, est *bai brun* presque noir avec teintes plus claires, fauves ou rouges aux fesses, au flanc, au nez ; *bai marron*, teinte foncée analogue, mais plus limitée sur la croupe ; *bai châtain*, marron un peu plus clair ; *bai foncé*, rouge brun ; *bai cerise*, le poil est plus rouge et ordinairement brillant ; le *bai clair* commence à tirer sur le *bai fauve*, qui ne diffère lui-même de l'*isabelle* que parce qu'il est moins foncé. L'*isabelle*, en effet, a des nuances qui s'affaiblissent presque jusqu'au *jaune clair*, *café au lait* et *soupe au lait*.

Les robes alezanes ont toutes les nuances qu'on vient d'indiquer : *al. brûlé*, *al. châtain*, *al. foncé*, *al. cerise*, *al. clair*, *al. fauve*.

Parmi les robes *grises*, il en est d'un gris clair, sale, foncé, ardoisé, tourdille ou couleur de grive ; c'est une couleur gris jaunâtre parsemée de taches plus foncées. Le gris d'étourneau, plus rare, est parsemé de taches plus claires.

La robe *aubert* est composée de poils blancs et de poils rouges dans des proportions variables, avec les crins également mélangés de rouge et de blanc, ou seulement de deux couleurs ; on la nomme aussi *fleur de pêcher*. Le *louvet*, qui a quelques rapports avec la couleur du chevreuil, est un mélange de poils jaunes et noirs, ou simplement de jaune nuancé de noir à l'extrémité.

La robe *rouan* a, de plus que la robe aubert, quelques poils mélangés ; mais la nuance de l'aubert se rapproche donc beaucoup de celle du rouan. M. Lecoq classe même dans les rouan les chevaux aubert dont la queue ou les extrémités sont noires.

Le *pie* est le cheval dont la robe présente de larges plaques de couleurs différentes. Le pie proprement dit a les extrémités noires ; on le dit pie blanc s'il a les extrémités blanches ; il est pie marron, pie bai, pie alezan, etc.

On signale encore les chevaux par divers reflets, accidents et particularités de leur robe. On dit un gris argenté, un bai, un alezan doré ; la robe est *pommelée*, quand sur le gris on remarque de petits cercles plus foncés. Elle est encore *mouchetée*, *teintée*, *tigrée*, *marbrée*, *tisonnée;* ces mots se comprennent d'eux-mêmes. Des poils blancs assez nombreux sur des robes d'une seule couleur constituent le *rubican*.

Particularités : une *lisse* en tête est une ligne blanche du front sur le chanfrein ; si cette ligne est large, le cheval est dit *belle face;* la *pelote*, l'*étoile* en tête, sont une marque blanche sur le front ; la couleur blanche à une extrémité forme une balzane, qui se réduit à une *trace* de balzane si elle n'entoure pas le paturon, à un *principe* de balzane si elle l'entoure sans se développer. La petite balzane ne dépasse pas le boulet, la balzane monte jusqu'au canon ; *chaussée*, elle se rapproche du genou ; haute chaussée, elle le dépasse.

Le *ladre* est une partie blanche ou rosée de la peau, qui apparaît aux lèvres et quelquefois monte jusqu'au chanfrein ; on dit dans ce dernier cas que le cheval *boit* dans son blanc.

Les robes n'ont que peu d'influence sur le mérite de l'animal. On regarde cependant les chevaux de poils pâles ou lavés comme moins forts que ceux dont la robe est foncée et présente un reflet brillant. Ce reflet se remarque plus fréquemment d'ailleurs chez les chevaux entiers. Le cheval hongre, le poulain, ont la robe plus terne. Chez le cheval malade, le poil est terne et piqué.

La couleur des robes éprouve quelques modifications par l'âge, l'état d'embonpoint, la mue, la tonte. La robe du jeune poulain change souvent entièrement à sa première mue ; mais la couleur de la tête indique ordinairement la couleur définitive.

Le signalement est l'énonciation plus ou moins complète des caractères et des circonstances propres à établir l'identité d'un animal ; s'il est très-abrégé, c'est un signalement *simple;* plus complet, il prend le nom de signalement *composé*.

Le signalement comprend : 1° le nom (si l'animal en a un) ; 2° l'espèce et le sexe ; 3° la race ; 4° le service auquel il est destiné ; 5° l'état de la queue et des crins ; 6° la robe avec ses particularités, en terminant par les extrémités ; 7° l'âge ; 8° la taille, *sous potence* ou à *la chaîne;* 9° les marques particulières, taches, cicatrices, absence de dents, moustaches, couleur insolite des yeux, etc. ; 10° la date du signalement.

Exemple d'un signalement simple : HERCULE, cheval hongre, de race boulonnaise, propre au limon, sous poil gris pommelé, âgé de six ans faits ; taille de 1 mètre 60 centimètres, mesuré sous potence (le 15 avril 1870).

Si on voulait constater mieux encore, par quelques détails, l'identité de l'animal, on ajouterait, par exemple : cheval à tous crins, marqué de ladre à la lèvre supérieure, portant des traces de cautérisation au-dessus du boulet de la jambe postérieure gauche, etc. On aurait un signalement *composé*.

SECTION III. — DU CHEVAL EN ACTION.

§ 1. — *Attitude, station, aplombs.*

Station. — Le cheval peut être considéré à l'état de mobilité ou de mouvement; à l'état d'immobilité, il est couché ou debout. Le cheval se couche peu; lorsqu'il prend trop souvent cette position, lorsque, surtout, il s'étend complétement sur la litière, c'est ordinairement signe de lassitude ou de faiblesse. Dans le cas de lassitude, on doit le voir avec plaisir se reposer avec abandon, quoiqu'il dorme debout assez facilement.

L'animal debout reposant sur ses quatre membres est à l'état de *station;* le cheval debout n'est pas précisément à l'état de repos, car dans la station il y a également, pour maintenir le cheval dans cette position, une tension musculaire qui peut le fatiguer autant que la marche. La station est libre ou forcée; elle est libre quand cette attitude est prise par l'animal seul et livré à lui-même ; en ce cas, il ne s'appuie pas également sur tous les membres, mais porte l'appui tantôt sur l'une, tantôt sur l'autre des extrémités, pour les reposer successivement. Si l'un de ses membres antérieurs est fatigué, il essaye même de le soustraire au poids du corps en le portant en avant ; ce qu'on appelle *montrer le chemin de saint Jacques.* La station est forcée quand le cheval est placé par l'homme de manière à répartir le poids de son corps sur ses quatre membres, autant que le permet du reste le centre de gravité.

Le centre de gravité, qui n'est autre chose que la résultante du poids total du corps passant par un point, joue un grand rôle dans les mouvements du cheval. Ce point, dans la *station*, est situé à l'extrémité postérieure et inférieure de la poitrine, au tiers environ de sa hauteur ; il varie beaucoup suivant la position de l'animal : si celui-ci baisse la tête et avance le corps, le centre de gravité se porte en avant; s'il rejette l'encolure en arrière et abaisse la croupe, il se porte en arrière; il est en dehors du plan médian quand l'animal fait porter le poids du corps sur un côté ou sur l'autre. Le centre de gravité, suivant ces différentes positions, est supporté dans des proportions fort diverses par les membres. L'animal qui projette le corps en avant charge presque exclusivement le bipède antérieur; le contraire arrive dans le galop ou le cabrer, le recul. Pendant la progression, il arrive souvent que le centre de gravité n'est soutenu que par deux ou même un seul membre; enfin, dans certaines allures, le corps quitte complétement le sol, pendant un temps très-court, il est vrai.

Équilibre. — Dans ces différentes positions, le corps de l'animal peut être en *équilibre* ou hors *équilibre*. La base de soutien étant formée par le parallélogramme *a b c d*, fig. 70, aux quatre angles duquel sont les pieds, la verticale abaissée de son centre de gravité *o* tombe en *e* au milieu et un peu en avant du centre du polygone; si l'animal rue ou se cabre, le corps tend à retomber dans cette attitude.

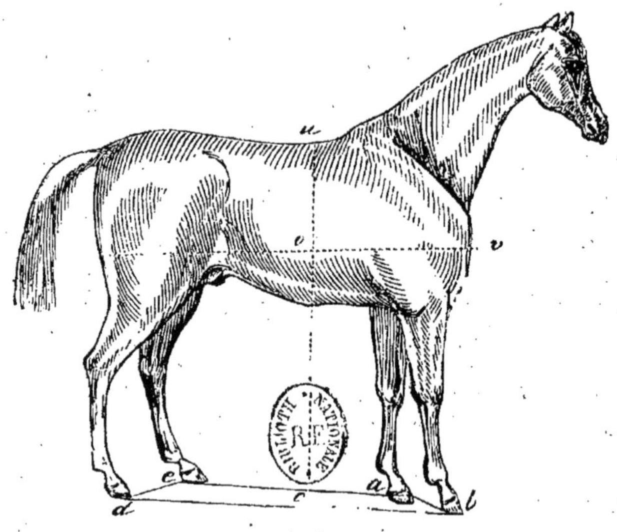

Fig. 70.

L'équilibre est *instable*, au contraire, si sa base de soutien du corps est très-étroite, proportionnellement à son volume et à sa hauteur, ou si la verticale, abaissée du centre de gravité, tombe sur les limites de cette base; ainsi, le cheval qui rue, qui se cabre, est dans l'état d'équilibre le plus instable. Il en est de même du galop; plus l'équilibre est instable, plus l'animal doit mettre de rapidité pour amener un membre à l'appui; d'où on a tiré cet axiome que l'instabilité dans les allures est la mesure de leur vitesse.

Le corps du cheval est hors d'équilibre quand la verticale abaissée de son centre de gravité tombe en dehors de sa base de soutien.

Pour que les membres prennent une part régulière au soutien du corps, il faut qu'ils soient dans leur direction normale, c'est-à-dire dans leur *aplomb.* On apprécie les aplombs des membres en les examinant d'une certaine distance sous leurs différentes faces : en avant pour les membres antérieurs, en arrière pour les membres postérieurs, de côté ou de profil pour les uns et les autres.

Aplombs. — *Aplombs des membres antérieurs.* — Les défauts d'aplomb des membres antérieurs, vus de côté ou latéralement, sont au nombre de trois. Premier défaut : si les membres antérieurs sont trop portés en avant, le cheval est dit *campé*, ou trop en arrière, l'animal est alors *sous lui.* Le premier défaut nuit à la rapidité des allures, provoque la fatigue des reins et l'usure des mem-

Fig. 71. Fig. 72. Fig. 73. Fig. 74.

bres ; le cheval sous lui est exposé à *butter*, il *rase tapis*, il est peu propre à la selle. Ce défaut perd beaucoup de sa gravité pour le cheval de trait ; il favorise même l'action de la masse. Le cheval campé du devant est, au contraire, médiocre pour le trait.

Deuxième défaut : l'avant-bras et le canon décrivent une courbe en avant ; le cheval est alors arqué, fig. 55. Si la courbure est en arrière, elle provient du genou qui est effacé ou creux, fig. 26. Ce défaut est pour le cheval de trait moins grave que le premier ; cependant, il suppose la faiblesse des articulations.

Troisième défaut : le sabot est porté trop loin en avant du boulet, ce qui résulte ordinairement de la longueur du paturon. L'animal est alors *bas-jointé* (voir plus loin, fig. 76), disposition très-peu favorable pour le trait. Au contraire, si le sabot est presque sur la verticale du boulet, le cheval est dit *droit sur ses boulets* ou *bouleté*.

Vus de face, les membres antérieurs peuvent également présenter trois défauts d'aplomb principaux : 1° les deux membres se rapprochent de manière que les sabots et les genoux se touchent presque ; l'animal est alors *fermé* du devant, fig. 71 ; dans le cas contraire, il est ouvert du devant, fig. 72. Le premier défaut tient souvent au peu de largeur de la poitrine ; quant au second, il décèle une conformation contraire ; il peut nuire à la vitesse, mais il constitue plutôt un avantage pour le cheval de trait.

Fig. 75. Fig. 76.

2° Les genoux seuls dévient soit en dehors, soit en dedans. Dans le premier cas, la jambe est *cambrée*, et la pointe ou la pince tend à se porter en dedans ; cette disposition rend le cheval *cagneux*, fig. 73 ; dans le cas où le genou dévie en dedans, on dit que le cheval a des *genoux de bœuf*, conformation fréquente chez ce dernier animal ; la pince tend alors à se porter au dehors, et le cheval est panard, fig. 74. Quelquefois, le pied est tourné en dedans ou en dehors, quoique la jambe conserve sa rectitude naturelle ; l'animal a seulement alors les pieds cagneux ou panards.

Le cheval panard est sujet à *billarder*, c'est-à-dire à jeter ses pieds en dehors quand il trotte ; d'où il résulte un balancement du corps fatigant et disgracieux. Les pieds cagneux sont exposés à s'entrecouper mutuellement par le bord ou l'éponge de leurs fers, mais ne paraissent pas avoir d'autre influence fâcheuse dans le travail.

Les *alplombs des membres postérieurs* s'apprécient en examinant le membre latéralement et en arrière. Vus latéralement, les membres peuvent se porter trop en arrière, l'animal est *campé de derrière* et paraît avoir les jarrets droits, fig. 75, ou trop en avant ; il est dit en ce cas *sous lui* du derrière ; il a ordinairement les jarrets *coudés ;* cette dernière disposition des jarrets se rencontre d'ailleurs dans des chevaux dont les aplombs sont réguliers. Le jarret coudé implique ordinairement de la force, et donne de la facilité pour soulever le corps lorsque l'animal veut sauter. Le jarret droit paraît moins large ; il donne plus de détente pour la course, surtout si le jarret lui-même est près de terre. Comme les membres de devant,

Fig. 77. Fig. 78.

ceux de derrière vus latéralement sont courts-jointés et droits sur leurs boulets, fig. 75, ou longs et bas-jointés, fig. 76.

Vus en arrière, les membres postérieurs sont : 1° écartés dans toute leur hauteur par un intervalle convenable ; l'animal qui présente cette disposition est *ouvert* du derrière, fig. 78. Il est au contraire *clos du derrière* si les membres se rapprochent ; si ce rapprochement a lieu par la pointe des jarrets, on dit que le cheval est *crochu* ou *jarreté*, fig. 77. Ce défaut, disgracieux à l'œil, rend souvent le cheval panard de derrière ; il ne paraît pas agir défavorablement sur la force, d'autant plus qu'il n'existe souvent qu'au repos.

Pour faciliter cette appréciation des aplombs que nous venons de faire, Bourgelat a proposé de se servir d'un fil à plomb qu'on rapproche du membre examiné sur ses différentes faces, et qui détermine les lignes suivantes.

Membres antérieurs, — 1° *Une ligne verticale a*, fig. 79, *abais-*

sée de la pointe de l'épaule jusqu'au sol. Cette ligne doit tomber un peu en avant de l'extrémité de la pince; si elle tombe trop en avant, l'animal est *sous lui;* si elle se rapproche trop de la pince, il est *campé.*

2° *Une ligne b*, fig. 79, *abaissée du tiers postérieur de la partie supérieure externe de l'avant-bras.* Elle doit partager également le genou et le boulet, et tomber un peu en arrière des talons; si le genou se porte en avant de cette ligne, il est *arqué*, en arrière il est *creux;* si la ligne s'écarte trop du talon, le cheval est *long* et *bas-jointé;* si elle se rapproche trop, il est droit sur ses boulets.

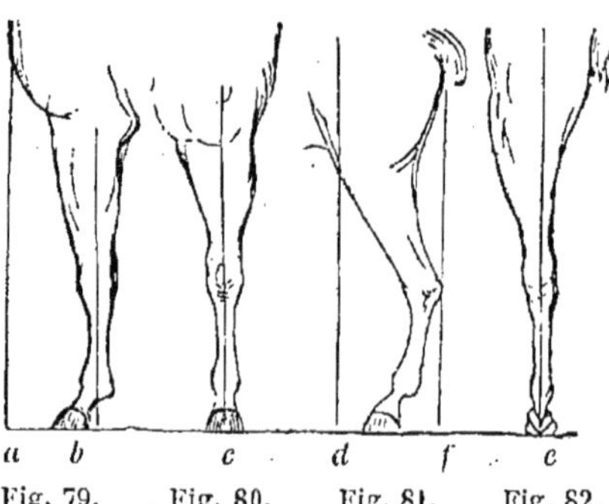

Fig. 79. Fig. 80. Fig. 81. Fig. 82.

3° *Une verticale c*, fig. 80, *abaissée de la face la plus étroite de l'avant-bras.* Elle doit partager toute la partie inférieure en deux parties égales; si elle tombe trop en dehors de cette ligne médiane, le cheval est *cagneux;* il est *panard* dans le cas contraire.

Membres postérieurs. — 1° *Verticale d*, fig. 81 et 82, *tombant de la pointe de la fesse à terre.* Elle doit toucher le jarret et partager le membre inférieur; si elle ne le touche pas, le cheval est sous lui du derrière; si le jarret la dépasse, le cheval est campé; si le jarret reste en dehors, le cheval est soit ouvert, soit cambré; s'il reste en dedans, le cheval est soit clos, soit crochu et panard. On emploie encore une autre ligne verticale *f*, fig. 81, tombant du grasset ou de la hanche à terre en avant de la pince, mais la ligne *d* peut suffire; d'ailleurs, il faut le dire, on a rarement recours à ces appréciations géométriques trop rigoureuses : la justesse du coup d'œil formée par l'habitude doit suffire.

La régularité des aplombs se complète par l'uniformité des *angles articulaires.* Cette loi, posée par le général Morris, est du reste plus théorique que pratique. On entend par angle articulaire l'angle que forment les rayons des membres qui s'articulent entre eux. Si on jette un coup d'œil sur le squelette du cheval, on voit que les membres sont formés de plusieurs os articulés obliquement ensemble; ainsi, le coxal forme un angle avec le fémur, le fémur un autre avec le *tibia;* le tibia, si on le prolonge par une ligne droite, en forme une autre avec le paturon. Des angles semblables se présentent dans les articulations des membres antérieurs : angle de l'épaule et de l'humérus, de l'humérus prolongé et du paturon. Or, si dans le squelette d'un cheval bien conformé on compare les angles articulaires, on les trouve semblables et de 90°; il s'ensuit une direction parallèle entre certains rayons. Ainsi, la tête, l'épaule, l'os de la cuisse, les paturons, sont dans la même direction; d'un autre côté, l'encolure, le bras, l'os de la hanche, celui de la jambe, affectent également une direction semblable, mais inverse. C'est ce parallélisme entre les rayons ou leviers concourant à la locomotion qui produit, dans le résultat de leur action, une direction uniforme et rectiligne. Si cette harmonie des angles articulaires vient à être dérangée, si une épaule, droite, par exemple, était accompagnée d'un jarret trop coudé, il en résulterait dans l'ensemble et la direction des forces une inégalité qui en annihilerait une partie.

§ 2. — *Des mouvements.*

Dans la locomotion, les os jouent en général le rôle de leviers sur lesquels agit la *puissance* contractile des muscles pour déplacer et faire mouvoir le corps ou ses différentes parties. Nous parlons des leviers dans la *Mécanique agricole;* ici, nous rappellerons seulement que le levier est du premier genre quand le point d'appui est entre la puissance et la résistance, du deuxième genre quand la résistance est entre la puissance et le point d'appui, enfin du troisième genre quand la puissance est entre le point d'appui et la résistance. Les deux premiers leviers sont les plus favorables à la force; aussi les trouve-t-on employés dans le système locomoteur, lorsqu'il s'agit de produire un effort puissant ou violent. L'articulation du jarret nous offre un levier du premier genre; l'action des deux jumeaux de la jambe, dont le tendon s'insère à la pointe du calcanéum en *a*, fig. 83, est la puissance; l'appui *d* est dans l'articulation, et la résistance est représentée par le reste de la partie inférieure du membre qui est projetée en arrière. Dans la marche, le tirage, le saut, qui exigent une certaine force, cette même articulation joue le rôle d'un levier de deuxième genre; le point d'appui est le pied *c*, la puissance est toujours appliquée à la pointe *a* du calcanéum; la résistance, représentée par le poids du corps, est en *d*, à l'extrémité inférieure du tibia, que l'effort tend à soulever ou pousser en avant. On retrouve encore des leviers du premier et du deuxième genre dans l'action puissante des articulations du fémur, dans l'extension de l'avant-bras; mais, dans beaucoup d'autres cas le levier du troisième genre est employé. La même figure 83

Fig. 83.

nous en offre un exemple dans la flexion du canon sur la cuisse : dans ce mouvement, l'appui est dans l'articulation *d;* l'application de la puissance du muscle fléchisseur fixé d'un bout sur la tête du tibia s'applique de l'autre au canon *b*, et le reste de l'extrémité forme la résistance. Le bras de la résistance est donc fort long, et cette disposition enlève beaucoup à la puissance ; mais il faut remarquer que la vitesse y gagne d'autant, car le pied placé à l'extrémité de ce levier se porte plus loin et plus rapidement en avant ; ce levier répond donc bien aux vues de la nature, qui veut, surtout dans la locomotion du cheval, produire de la vitesse.

Tantôt les mouvements ont lieu sur place ou dans des limites très-bornées, comme dans le *cabrer*, la *ruade*, le *saut*, le *reculer;* tantôt ils ont pour but de porter le corps à certaine distance; alors c'est la *marche* qui, suivant sa vitesse, et surtout d'après l'ordre dans lequel se succèdent les membres pendant la progression, prend le nom d'*allure*.

Le cabrer. — Le cheval se cabre lorsqu'il se dresse sur ses pieds de derrière. Cette attitude ne dure qu'un moment très-court, parce quelle exige un très-grand effort; elle est surtout dangereuse dans le cheval de selle, qui peut se renverser sur le cavalier, si celui-ci ne sait pas maîtriser les mouvements de l'animal. On prévient le cabrer à l'aide de la martingale.

La ruade est le mouvement dans lequel l'arrière-train, subitement élevé, permet aux membres postérieurs d'effectuer une détente rapide ; c'est un des moyens de défense spécial au cheval, à l'âne et au mulet. L'animal se prépare ordinairement à ruer en portant un peu ses jambes antérieures en avant et en abaissant la tête, comme pour faire équilibre aux parties postérieures du corps. On prévient la ruade en relevant fortement la tête du cheval et la portant en arrière, et encore en mettant une plate-longe à l'animal.

Le saut est un mouvement rapide, opéré ordinairement en avant par la détente, soit des quatre membres, soit de deux seulement.

Le reculer, que nous plaçons ici parce que c'est un mouvement très-borné, est un exercice très-fatigant; il est cependant d'une grande importance pour le cheval de gros trait, le limonier surtout. Dans le reculer, le système de locomotion doit exécuter une opération analogue à celle de la progression, seulement en sens inverse; mais dans l'animal tout est disposé pour la progression : le centre de gravité porté en avant, la détente puissante des jarrets, l'action de l'arc de la colonne vertébrale qui s'unit à cette détente, tout favorise le mouvement ou le tirage en avant. Dans le reculer ou le tirage en arrière, ces avantages deviennent des obstacles; l'extension du genou ne remplace que bien imparfaitement la détente du jarret. Cependant, le membre antérieur joue un grand rôle dans le reculer; le jarret même perd une très-grande partie de sa force : il agit moins en poussant en arrière qu'en soulevant l'arrière-main et redressant l'articulation, ce qui produit un mouvement en arrière. Le limonier qui recule a ordinairement les jarrets pliés et la tête très-relevée en arrière, pour décharger l'avant-main et porter un plus grand poids sur l'avaloire; cette flexion des jarrets ferait perdre une partie des avantages du recul, si le limonier n'était pas ordinairement de grande taille. Le recul, surtout quand la charge est trop forte, ruine promptement les articulations du jarret et des reins; un charretier intelligent ne l'emploie que dans les cas d'extrême nécessité, ou quand la charge est peu considérable.

§ 3. — *Des allures.*

Les *allures* sont *naturelles* ou *artificielles.* Les premières sont le *pas*, le *trot* et le *galop;* les autres sont l'*amble*, le *pas relevé* et le *traquenard*, et enfin l'*aubin*, allure défectueuse, mélange de trot et de galop.

Définissons d'abord quelques termes nécessaires à l'étude des allures. On nomme *bipède* l'ensemble de deux membres; les deux membres de devant forment le *bipèdé antérieur*, et ceux de derrière le *bipède postérieur*. Un membre de devant et un de derrière du même côté constituent un *bipède latéral;* ce bipède latéral est droit ou gauche, suivant le côté de l'animal; le membre droit de devant et le gauche de derrière forment le *bipède diagonal droit*, le membre gauche de devant et le droit de derrière le *diagonal gauche.*

Le mouvement de chaque membre, dans toute allure, présente les quatre phases suivantes : l'animal le lève, le soutient en l'air, le pose, et s'appuie sur ce membre pour recommencer la même série de mouvements; un membre est donc ainsi successivement au *lever*, au *soutien*, au *poser*, à l'*appui.* On fera remarquer toutefois que dans les allures un peu vives le lever et le soutien se confondent; il en est de même du poser et de l'appui.

On nomme *battues* le bruit produit par le poser des membres, et *foulées* l'empreinte que le pied laisse sur le sol; la suite de ces foulées est la *piste* de l'animal.

Du pas. — Si nous observons l'allure du pas chez un cheval non chargé et déjà en marche, voici ce qui nous apparaît. Supposons que les membres présentent la disposition indiquée dans la figure 84 : le membre antérieur gauche *d* est en l'air au soutien et va faire son *poser;* le membre antérieur droit *c* est à l'appui, et c'est soutenu sur cet appui que le corps vient de se projeter en avant; le membre postérieur droit *b* est en l'air au lever, il passe au soutien;

enfin, le membre postérieur gauche *a* vient de se poser sur le sol, et il porte le corps avec son diagonal *c*. Si nous continuons l'observation, nous verrons que le membre *d* va se poser et fournir un nouvel appui au corps; le membre *c* se lèvera; le corps reposera un instant sur ce pied *d* et le pied *a* complétement à l'appui, et *b* se posera à la place quittée par *c*.

Ainsi, pendant le pas du cheval en marche, il y a : 1° quatre posers et quatre levers alternatifs, d'où résultent quatre battues dis-

Fig. 84.

tinctes qu'on entend parfaitement; 2° il y a toujours deux membres levés et deux membres posés sur le sol; 3° le centre de gravité repose alternativement sur un bipède diagonal ou sur un bipède latéral; 4° enfin, l'animal fait deux mouvements de progression en avant, et comme il était posé, en commençant le pas, sur un bipède diagonal, et qu'en finissant il est sur le diagonal opposé, il n'a en réalité fait que deux demi-pas de 85 centimètres environ chacun, soit la moitié de la longueur du corps.

La figure 85, dont nous empruntons l'idée à M. Lecoq, exprime assez bien la position des pieds de l'animal pendant la durée du pas, que nous pouvons diviser en quatre temps, pour mieux apprécier les quatre mouvements de chaque pied. Les numéros 1, 2, 3, 4 indiquent les temps; les lettres *a*, *l*, *s*, *p* sont les initiales des mots appui, lever, soutien, poser; les zéros indiquent la position des pieds : ils sont blancs quand le pied est en l'air, noirs quand il pose sur le sol.

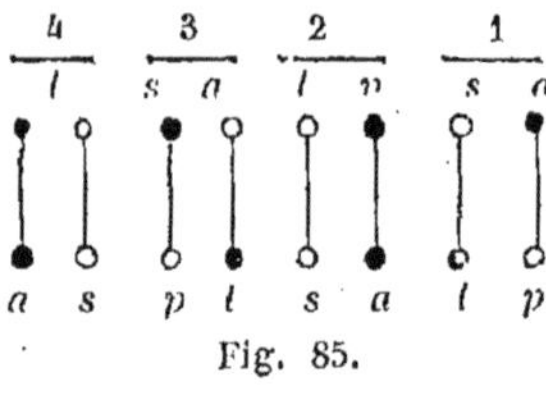

Fig. 85.

On voit que dans le premier temps l'appui est sur le diagonal droit, dans le second sur le bipède latéral gauche, ensuite sur le bipède diagonal gauche et sur le bipède diagonal droit.

C'est ce que confirme l'examen de la piste du cheval au pas que nous avons pris plus haut pour exemple : A, fig. 86, est la foulée du pied *a*, mais faite dans le pas précédent; CB est la foulée des pieds *bc;* DA la foulée des pieds *da;* il n'y a donc en réalité dans le pas complet que deux pistes. La même figure représente l'appui, qui est diagonal de A en CB, latéral de A en D, etc., puis de nouveau diagonal de B en C'; la ligne E indique le déplacement du centre de gravité. Le pas ne présente pas toujours cette régularité. Quand le cheval entame le pas étant à l'état de station, il lève souvent à la fois un bipède diagonal et fait un pas moins étendu; le cheval attelé entame même quelquefois par un pied de derrière; enfin, très-fréquemment, les foulées d'un bipède latéral ne se recouvrent pas.

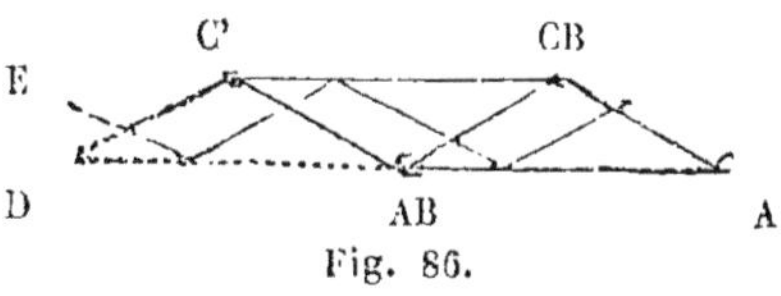

Fig. 86.

Le pas est grand ou petit, lent ou rapide, ce qui établit une grande différence dans l'espace parcouru au pas en un temps donné. La longueur du pas est en rapport avec la taille de l'animal : habituellement, le petit pas n'est guère que les 0,50 de la longueur de l'animal, ou $0^m,75$; le pas ordinaire, les 0,60 ou $0^m,80$; le pas allongé peut atteindre $0^m,90$ à 1 mètre. On compte que dans la marche accélérée le cheval fait 120 progressions par minute, ou 60 pas complets; mais on n'en compte guère, dans la marche du cheval attelé, plus de 90 à 100. Il est fort important que le cheval de trait, soit à la voiture, soit à la charrue, marche un bon pas; le train du roulage accéléré au pas est d'environ $1^m,20$ par seconde; on compte pour le cheval de labour $0^m,75$ à $0^m,80$ (*V. Comptabilité et géométrie agricoles*, la table de rapports de la vitesse par seconde à l'espace parcouru).

Du trot. — Le trot est une allure plus rapide que le pas, dans laquelle les membres se succèdent également en diagonale, mais immédiatement, de manière que le poser d'un membre correspond au lever du membre précédent. Le corps est ainsi supporté successivement par le bipède diagonal gauche ou par le bipède diagonal droit, et on n'entend dans chaque pas que deux battues, produites par l'un et l'autre de ces bipèdes. Dans le trot rapide, chaque bipède n'imprime sur le sol qu'une seule piste sur chaque côté, fig. 80; le pied de derrière venant occuper la place laissée par le pied de devant, il y a un instant où le corps quitte complétement le sol. On exige que le cheval au trot ait les mouvements libres, qu'il allonge bien. On appelle trotter menu l'allure de celui dont les battues se répètent assez fréquemment, mais sans avancer. L'allure du trot a pour le cavalier des réactions plus ou moins dures ; c'est celle qui permet le mieux, en raison de cette dureté même, de reconnaître les boiteries du cheval, mais aussi d'apprécier tous ses

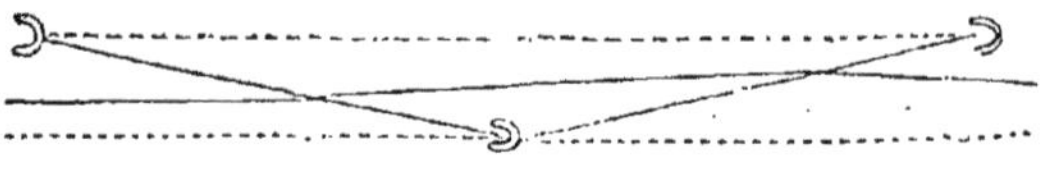

Fig. 87.

moyens. Il y a le petit trot, le trot ordinaire, le grand trot. Chaque temps du trot moyen embrasse environ 1m,20 ; on en compte de 160 à 180 par minute, ce qui donne une moyenne de 10 à 12 kilomètres à l'heure.

Les trotteurs nous fournissent des exemples de l'union de la vitesse avec la durée d'action. Dans les courses d'essai qui se font sur nos hippodromes, les courses au trot sous l'homme donnent ordinairement une vitesse de 6 à 8 mètres par seconde, soit un kilomètre en 2 minutes ou 2 minutes 1/2. La longueur des épreuves, lorsqu'elle n'excède pas 6 kilomètres, ne paraît pas diminuer la vitesse. Le cheval au trot attelé à une voiture à deux roues fournit une vitesse de 6 à 7 mètres par seconde ; avec des véhicules à quatre roues, la vitesse de course est un peu moins considérable, 5 mètres à 5m,60. La vitesse moyenne des trotteurs attelés à des tilburys est ainsi de 22 kilomètres à l'heure.

Comme exemple du plus grand effet utile produit par les chevaux au trot, soit comme vitesse, soit comme force, on peut citer le célèbre trotteur anglais *Tom Thumb* qui, avec un véhicule très-léger d'ailleurs, parcourut 160 kilomètres en 10 heures. C'est avec l'allure du trot que l'on peut obtenir de certains chevaux de diligence des résultats surprenants. On cite des chevaux traînant au trot un poids de 1,000 à 1,200 kilos, avec une vitesse de 8 kilomètres à l'heure et un travail de 4 heures par jour.

Des essais nombreux, faits par M. de Gasparin dans un régiment de cavalerie, sur la vitesse moyenne du cheval non chargé, ont montré que cette vitesse en mètres était, par seconde, aux différentes allures :

	Cheval de 1 m. 47.	Cheval de 1 m. 50.	Cheval de 1 m. 53.	Cheval de 1 m. 62.	Rapport à la taille.
Petit pas.......	1,230	1,249	1,274	1,349	0,333
Pas allongé....	1,526	1,549	1,589	7,673	1,033
Petit trot......	2,163	5,400	2,448	2,592	1,600
Grand trot... .	3,493	3,649	2,722	3,911	2,433

Du galop. — Le *galop* est une allure produite par l'enlevée de l'avant-main sur l'arrière-main, accompagnée ou suivie du transport en avant de toute la masse, au moyen de la détente des membres postérieurs, plus ou moins fléchis et engagés sous le corps. On en distingue trois sortes : le galop ordinaire ou à trois temps, le galop de course, et le galop à quatre temps, allure artificielle particulière aux manéges.

Dans le galop ordinaire, le corps est successivement porté :

Fig. 88.

1° par un pied postérieur, fig. 88; 2° par l'autre bipède diagonal; 3° par un pied antérieur; 4° complétement en l'air. Dans cette allure, un bipède latéral dépasse toujours l'autre; si c'est le bipède droit qui est en avant, on dit que le cheval galope à droite, fig. 88; on dit qu'il galope à gauche dans le cas inverse.

Si nous supposons un cheval qui galope à droite, et que nous le prenions au moment où il a quitté le sol, les membres se poseront de nouveau dans l'ordre suivant, indiqué par la figure 89 : 1° le pied postérieur gauche; 2° le pied antérieur et son diagonal, le pied postérieur droit, poseront au même instant, pour se relever presque immédiatement; 3° le pied antérieur gauche, qui touche la terre et se relève aussitôt pour 4° laisser le corps au soutien. Il suit de là que les membres sont trois fois plus de temps levés que posés, fig. 89, et que l'étroitesse de la base de sustentation sur laquelle le corps se trouve à chaque instant exige une grande rapidité d'allure pour le soutenir.

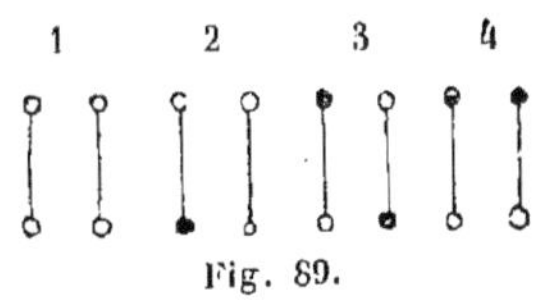

Fig. 89.

Le galop de course, qu'on avait supposé n'être qu'une allure à deux temps composée de sauts successifs, n'est en réalité que le galop à trois temps, mais beaucoup plus rapide.

Un temps de galop ordinaire embrasse environ 1^{m},90. Comme le cheval peut faire de 100 à 106 temps de galop par minute, la vitesse moyenne du galop serait de 400 mètres par minute, environ 7 mètres par seconde.

Le cheval ne peut pas supporter très-longtemps l'allure du galop, surtout si elle est très-rapide. Cependant, dans des épreuves successives, mais avec des intervalles de repos, on a vu des chevaux faire, en 2 ou 3 heures, jusq'à 38 kilomètres, avec une vitesse moyenne de 8 à 10 mètres par seconde. En 1786, un cheval parcourut, à New-Market, 39,183 mètres en 57 minutes, ce qui comporte une vitesse de 10^{m},08 par seconde.

Dans des courses de 4 à 5 minutes, on cite des vitesses de 14 à 16 mètres par seconde. Les plus grandes vitesses observées depuis longtemps sur les hippodromes anglais varient de 14 à 18. La plus grande vitesse que l'on cite est celle du cheval anglais *Firetail*, qui fit, en 1672, un mille anglais ou 1,609 mètres en 1 minute 4 secondes, ce qui ferait 24 mètres par seconde; vitesse fabuleuse de 90 kilomètres à l'heure.

Allures défectueuses. — L'*amble* est une allure dans laquelle le corps de l'animal est successivement porté par chaque bipède latéral. Le membre est toujours en avant du bipède de l'autre côté d'un tiers environ de la longueur du cheval, de manière que la progression réelle, dans chaque pas, est à peu près celle du pas ordinaire; mais comme, dans cette allure, l'équilibre est très-instable, le centre de gravité se portant alternativement d'un côté sur l'autre, le mouvement des membres est beaucoup plus rapide et atteint la vitesse du trot.

Cette allure est très-douce pour le cavalier, parce que le cheval lève peu les membres, rase le tapis; mais, pour cette raison même, elle expose l'animal à butter fréquemment; elle est, pour ce motif, classée par les écuyers dans les allures défectueuses. On communique artificiellement cette allure aux jeunes chevaux, en réunissant les membres par bipèdes latéraux, au moyen d'entraves, et en les poussant sans leur laisser prendre le trot.

Le *pas relevé*, confondu par quelques personnes avec l'amble, en diffère. C'est en Normandie qu'on trouve les bidets de pas relevé, dits aussi *bidets d'allure*, beaucoup plus rares d'ailleurs aujourd'hui. Le pas relevé est, comme l'amble, une allure très-basse, et, par conséquent, également douce; c'est une espèce de trot décousu, dans lequel le pied antérieur a déjà effectué son poser quand son diagonal opère le sien. Les chevaux ambleurs et d'allure doivent être des chevaux à encolure épaisse, aux reins courts et forts, à la croupe bien développée.

Le *traquenard*, allure défectueuse fort rare, est une espèce d'amble rompu dans lequel les quatre battues se succèdent isolément.

L'*aubin*, également assez rare, est un mélange confus du trot et du galop, qui se remarque quelquefois dans l'allure des chevaux usés, n'ayant plus assez de force de jarret pour soutenir le galop.

Les *défectuosités* principales qui peuvent affecter les allures se décèlent par des mouvements irréguliers des membres dans l'allure même. Si le cheval, en trottant, relève fortement les extrémités antérieures, on dit qu'il *trousse;* ce défaut donne de l'élégance à l'allure, mais nuit à sa vitesse. Lorsque c'est l'extrémité postérieure qui se relève brusquement par une flexion convulsive du jarret, le cheval *harpe;* on attribue ce défaut, qui nuit à l'ensemble des allures, à une affection cachée, peu connue du reste, qu'on désigne sous le nom d'éparvin sec.

Les chevaux qui se *bercent* sont ceux qui, pendant la marche, éprouvent un balancement latéral, soit du corps entier, soit du devant ou du derrière; un grand développement des hanches, du poitrail, et les pieds panards, prédisposent au bercement, dont l'inconvénient n'est grave que dans les allures rapides. Chez certains chevaux, le fer d'un pied atteint quelquefois pendant les allures le boulet et la couronne de l'autre pied; on dit que ces chevaux s'atteignent, se coupent. On remédie jusqu'à un certain point par la ferrure à ce défaut, qui peut provenir d'un vice de conformation, de faiblesse et de fatigue. Il en est de même des chevaux qui *forgent;* par suite de cette atteinte, le cheval peut se déferrer ou s'abattre; il peut encore frapper, de la pince du pied de derrière, le tendon du pied antérieur.

Les *épaules froides* ou *chevillées*, dont nous avons parlé ailleurs, les *jarrets vacillants*, défauts qui proviennent de la faiblesse, agissent encore très-défavorablement sur les allures; mais des défectuosités plus sérieuses sont les lésions organiques, telles que le *tour de reins*, *les boiteries* de diverses natures.

L'*effort de reins*, affection à peu près incurable, qui ôte à l'animal la force de l'arrière-main, et paralyse l'action puissante de celle-ci sur tout le système de locomotion, se reconnaît à une vacillation prononcée du train postérieur, à la presque impossibilité qu'éprouve le cheval pour tourner, et surtout pour reculer.

Boiteries. — Un cheval est affecté de boiterie ou claudication, quand un de ses membres exécute son appui moins longtemps, avec difficulté, sans faire entendre une battue aussi forte, et de plu avec un mouvement irrégulier dans l'allure. Si la boiterie est légère, on dit que l'animal *feint;* si elle est très-prononcée, il boite tout bas; si elle est intense, *l'animal marche à trois jambes.*

Voici quelques-uns des signes auxquels se reconnaît la boiterie : en général, l'animal, pour soulager le membre malade, rejette, au moment de l'appui du membre malade, le poids du corps sur les autres.

Si le cheval boite du devant, au moment où il pose le membre affecté, il rejette la tête en arrière et un peu de côté, pour porter la plus grande partie du poids du corps sur le membre sain; comme dans cette position un peu oblique de la tête, l'oreille du côté opposé à celui du membre malade est un peu abaissée, on dit qu'il boite de l'oreille.

Si c'est un membre de derrière qui est affecté de claudication, la croupe s'abaisse d'abord, puis se relève au moment de l'appui; la tête s'abaisse.

Si la boiterie a son siége dans l'épaule, le membre se porte en avant difficilement et en *fauchant;* si la hanche est affectée, l'abaissement et le soulèvement de la hanche au moment de l'appui sont plus prononcés; l'effort du genou ou du jarret se manifeste par la difficulté de flexion.

§ 4. — *Examen et choix d'un cheval.*

Renseignements. — Les chevaux sont achetés, soit chez l'éleveur, soit chez le marchand, soit enfin sur les foires et marchés. C'est le marchand ou l'officier de remonte qui achète ordinairement chez les éleveurs et dans les lieux de production ou d'élevage; dans ce cas, quelques renseignements préliminaires sont nécessaires à l'acheteur. Il doit bien connaître la localité, ses ressources en chevaux, l'espèce qu'on élève, si on fait naître ou si on achète les poulains, les noms et demeures des principaux herbagers et marchands; il vistera les poulains et les étalons, constatera s'ils n'ont pas de vices héréditaires, si les poulains réussissent, s'ils ne contractent pas sous l'influence du sol ou du régime quelques défectuosités, telles qu'un excès de lymphe, la fluxion, la vue grasse, les pieds défectueux, des tares des membres, etc.; il connaîtra les époques de foires ou de vente, les prix courants, les habitudes commerciales; il préférera du reste courir les pays avant les foires, et visiter chez le cultivateur et l'herbager les chevaux à vendre.

Quant à l'acheteur ordinaire, qui fait une acquisition en foire ou chez le marchand, voici quelques conseils qui pourront, sinon assurer son choix, du moins le guider dans l'examen de l'animal; nous supposons que l'acheteur est fixé sur l'espèce de cheval qu'il veut acheter, sa race, sa destination, etc. Le cheval sera examiné à l'*écurie*, à la *montre* et en *action*.

Examen à l'écurie. — Cet examen, fait en l'absence du marchand (s'il est possible), permet d'observer la position de l'animal : s'il penche la tête, s'il tique, s'il tire sur sa longe, s'il offre les signes d'une bonne constitution et d'un bon caractère, signes indiqués plus haut.

On voit ainsi déjà l'ensemble, le sexe, la robe, la taillle, la longueur ; puis on le fait détacher pour le faire sortir, et on l'arrête à une certaine distance de la porte pour examiner l'œil ; cet examen doit en effet avoir lieu à l'ombre, afin qu'on puisse apercevoir le fond de l'organe, la pupille étant alors largement dilatée. On se place en face de l'animal, de manière à porter le regard obliquement sur le globe, et à reconnaître s'il n'existe pas de taches sur la cornée lucide, si les humeurs de l'œil sont transparentes, si l'œil n'est pas petit, enfoncé, couvert, larmoyant, clignotant ; si la conjonctive n'est pas enflammée ou pâle : si la paupière supérieure est ridée, anguleuse ; s'il n'existe pas de trace d'un larmoiement antérieur, pouvant indiquer la fluxion périodique. En fermant l'œil avec la main, puis le rendant à la lumière, on observera s'il y a dilatation et contraction normale ; l'absence de ce signe pourrait indiquer la *goutte sereine*.

On pourra en même temps examiner l'âge, l'état des dents, si l'haleine est pure, si la langue n'est ni blessée ni pendante, si l'usure des dents est régulière, si les barres ne sont pas offensées, si les dents n'ont pas de fausses marques, si on n'en a pas arraché prématurément. On verra si les naseaux sont bien ouverts, s'ils ne jettent pas, si leur membrane est bien rosée, sans chancres ni inflammation ; si l'auge est bien évidée, si le cheval n'est pas glandé ; puis, pressant la gorge, on s'assurera de la toux.

Examen à la montre. — On fait ensuite sortir le cheval ; on l'examine de nouveau dans son ensemble, sous le rapport des proportions et des aplombs, de *profil*, de *face*, et par *derrière*. En se plaçant d'abord à trois ou quatre mètres de l'animal, de profil, on suivra la ligne du dessus en partant de la tête ; on jugera si celle-ci est grosse ou légère, bien attachée, portant bas ou au vent ; si l'encolure n'est pas fausse ou trop grêle ; si le garrot est bas, le dos ensellé, voussé ou tranchant, les reins bas, la croupe avalée. Passant aux lignes de dessous, si le ventre n'est pas proéminent, le nombril sorti, la poitrine sanglée, la côte plate.

De ce point, on jugera encore de la direction des épaules et des membres ; si l'animal n'est pas trop long, trop court, trop haut monté, trop grêle, trop massif, etc. ; si l'avant-bras est court ou long, si la jambe n'est pas arquée, le genou couronné, le cheval campé ou sous lui, du devant ou du derrière; s'il n'est pas huché, bouleté, haut ou bas-jointé; si le jarret est large, la fesse descendue, les tendons détachés.

En avant, on verra si le front est large, les oreilles bien placées, les salières pleines, le nez exempt de cicatrices, le poitrail et l'inter-ars suffisamment ouvert; si les articulations sont larges, si l'animal est couronné, si du cambouis, des poils collés, ne dissimulent pas cette tare; s'il est panard, cagneux, etc.

En arrière, on regardera si la hanche est large, étroite, cornue : si le cheval est serré dans son derrière, mal gigotté, crochu ; si les membres sont affectés de capelets, jardons, courbes, varices, ou de cicatrices indiquant qu'il rue.

En s'approchant de l'animal, on palpera les différentes régions; on appréciera la solidité des tissus, l'état de graisse ou d'embonpoint; on passera la main sur la nuque, l'encolure, le garrot, le dos et les reins, en pinçant cette dernière région à sa jonction au dos, pour s'assurer si le cheval exécute le mouvement de flexion, signe de bonne santé; on arrive à la queue, qu'on lève pour juger de sa résistance, pour voir si l'anus est rentré ou saillant, la vulve à l'état normal. Dans le mâle, on constate s'il est entier ou hongre, châtré depuis peu, s'il a une hernie, si le fourreau est étroit. Les membres seront ensuite explorés rayon par rayon, suivant le trajet des cordes tendineuses et des os ; on sentira s'il y a des nervures, des suros, des molettes, vessigons, atteintes de fer.

Le pied sera l'objet d'un examen d'autant plus attentif qu'on peut en masquer les défauts par des corps gras, du mastic, de la boue, dans laquelle on fait passer le cheval à dessein; et qu'on peut aussi sécher le crapaud de la sole à l'aide de la chaux vive.

On fera successivement lever les quatre pieds, d'abord pour s'assurer que l'animal est docile, ensuite pour examiner si le pied est plat ou comble, serré, encastellé; s'il est cerclé, si la corne est blanche. Un fer couvert peut cacher un commencement de crapaud; une forte ajusture dissimule le pied plat; de forts crampons sont destinés à grandir l'animal.

Examen en action. — Le cheval, conduit par la longe sans être tenu trop court, sera montré successivement aux allures du pas et du trot, autant que possible par une personne étrangère aux intérêts du vendeur.

On l'étudiera également de profil, de face et par derrière.

Dans un passage du repos au mouvement, un cheval qui a des moyens manifeste une certaine animation; la ligne du dos se déplace, les muscles se dessinent mieux en saillie; si le cheval s'ébranle mollement, sans mouvement apparent du rein, c'est une mauvaise indication.

On commencera par faire partir l'animal au pas, en se plaçant de manière à le voir en arrière d'abord, puis en face au retour. On juge si les membres de derrière couvrent bien ceux de devant. Lorsque l'animal passe de profil, on apprécie l'harmonie des mouvements de l'arrière et de l'avant-main, si le pas est suffisamment allongé, si les genoux, si les jarrets se plient facilement, si l'appui du pied est ferme et sûr, si l'animal ne boite ou ne *feint* pas, si en même temps qu'il lève fortement le pied antérieur, les oreilles n'opèrent pas un mouvement fréquent, signe d'une vue mauvaise.

L'examen du cheval au trot demandera encore plus d'attention. Cette allure donne surtout le moyen d'apprécier la vivacité, l'étendue des mouvements, le *ressort* et la détente des membres, de profil, on verra si l'animal ne boite pas ou ne bronche pas, s'il ne forge pas, s'il ne *rase pas le tapis*, si les épaules sont libres, si le derrière manque de chasse, si le devant seconde bien l'action de l'arrière-main, si le cheval *file* bien. En arrière, on jugera si l'animal ne *billarde* pas, s'il ne se *berce* pas, s'il ne *fauche* pas, ne tricote pas, etc.

On a soin de faire tourner l'animal tantôt sur la droite, tantôt sur la gauche, afin d'éprouver alternativement la force de chaque bipède latéral. On s'assure également de la force des reins et des jarrets en faisant arrêter un peu court.

C'est après le trot qu'on essaiera de faire reculer l'animal, le cheval immobile exécutant plus difficilement ce mouvement après un peu d'exercice. On explore de nouveau le mouvement du flanc; l'accélération de la respiration après l'exercice se manifeste encore si l'animal est à court d'haleine ou cornard.

On devra toujours s'armer d'une sage défiance contre les ruses multipliées de certains maquignons. Tous les moyens sont mis en œuvre pour dissimuler à l'acheteur les défauts de l'animal. Est-il petit ou bas de devant, on le place sur un sol élevé ou en pente, ou entre deux murs; on le munit de fers épais et à crampons. Est-il long, on lui met une couverture de couleurs tranchantes. A-t-il des lignes défectueuses, un garrot bas, des oreilles pendantes, prend-il le harnais difficilement, on le présente avec le harnais, des oreillettes, une bride à œillères. On placera du côté opposé à l'acheteur une partie défectueuse; on essayera de détourner l'attention de celui-ci quand elle se portera sur ce point; on tiendra toujours en mouvement l'animal qui a quelque vice d'allure; on fera une blessure apparente et légère, à laquelle on attribuera une claudication, résultat d'une affection incurable; une paille introduite dans l'œil déterminera une inflammation qui masquera la fluxion périodique. Nous ne parlerons pas d'une foule d'autres ruses plus ou moins grossières : des queues relevées par un énorme bouchon de paille pour dissimuler une croupe avalée, ou même une queue postiche, des robes teintes, des bouches refaites, des salières insufflées, de l'éponge placée dans le nez pour cacher un écoulement, etc. Le cheval a-t-il peu d'ardeur, on a eu soin de le harceler à l'écurie, de manière s'il s'inquiète et s'agite à l'approche de l'homme; on lui introduit un peu de gingembre dans l'anus. Est-il ombrageux ou méchant, on l'engourdit à l'aide de narcotiques, de spiritueux, de l'ivraie, du vin par exemple. Si le cheval boite à froid, on l'aura promené sur un terrain doux; s'il boite à chaud, un long repos aura calmé la douleur. Quelquefois, par un régime rafraîchissant, par la saignée, on fait disparaître la pousse pour quelques jours.

Il va sans dire que l'appréciation de l'animal qu'on achète sera toujours subordonnée au but auquel on le destine. Un cheval de *trait*, de *selle*, de *course*, une jument ou un étalon qu'on veut exclusivement consacrer à la reproduction, devront avoir des qualités différentes, et les défauts qui les affecteront prendront plus ou moins d'importance, suivant la destination de l'animal.

L'examen des animaux qui doivent être *appareillés* exige qu'on les rapproche; on s'assure s'il y a similitude entre eux sous le rapport de la robe, de la taille, du volume, de l'âge. Il doit exister surtout, autant que possible, de la parité dans les allures, la force, l'énergie. On les attellera accouplés sur un terrain uni et accidenté.

Il serait à désirer que l'acheteur pût toujours joindre l'essai à l'examen, dût-il payer un peu plus cher. Tel cheval, conduit en main, a des allures brillantes, beaucoup d'action et de chasse, qui, chargé du cavalier, manifeste la faiblesse et la gêne; un cheval sera brillant dans une course peu prolongée et manquera de *fond* pour un travail continu. L'animal peut d'ailleurs être capricieux, indocile, ombrageux; il peut enfin être affecté de défauts de constitution qu'on n'apprécie qu'à l'usage. Il en est de même pour le cheval de trait qui résiste à l'enharnachement, se défend, refuse de tirer, rue en limon, ne recule pas.

§ 5. — *Vices rédhibitoires.*

Avec quelque soin qu'ait été fait l'examen d'un animal, il est certains défauts cachés ou certaines prédispositions à des maladies qu'il est impossible à l'acheteur de reconnaître, vices qui rendent d'ailleurs l'animal impropre à l'usage auquel il est destiné.

Ces vices ont été spécifiés par la loi, qui accorde au vendeur le droit de résilier la vente, quand ils deviennent apparents dans un délai déterminé. On les nomme *vices* ou *cas rédhibitoires*. La loi qui a déterminé ces cas de résiliation est celle du 20 mai 1838. On en reproduit ici les termes :

ARTICLE 1er. — Sont réputés vices rédhibitoires et donneront seuls ouverture à l'action résultant de l'art. 1641 du Code civil, dans les ventes ou échanges d'animaux domestiques ci-dessous dénommés, sans distinction de localités où les ventes ou échanges auront eu lieu, les maladies ou défauts ci-après, savoir : *pour le cheval l'âne et le mulet*, la fluxion périodique des yeux, l'épilepsie ou mal caduc, la morve, le farcin, les maladies anciennes de poitrine ou vieilles courbatures, l'immobilité, la pousse, le cornage chronique, le tic sans usure de dents, les hernies inguinales intermittentes, la boiterie intermittente pour cause de vieux mal (1).

Pour l'espèce bovine, la phthisie pulmonaire ou pommelière, l'épilepsie ou mal caduc, les suites de non-délivrance et le renversement du vagin ou de l'utérus, mais pour ces deux cas seulement, après le part chez le vendeur.

Pour l'espèce ovine la clavelée. Cette maladie, reconnue chez un seul animal, entraînera la rédhibition de tout le troupeau ; la rédhibition n'aura n'aura lieu que si le troupeau porte la marque du vendeur ; le sang de rate : cette maladie n'entraînera la rédhibition du troupeau qu'autant que, dans le délai de garantie la perte s'élèvera au quinzième au moins des animaux achetés. Dans ce dernier cas, la rédhibition n'aura également lieu que si le troupeau porte la marque du vendeur.

ART. 2. — L'action en réduction du prix autorisée par l'ar. 1644 du Code civil ne pourra être exercée dans les ventes et échanges d'animaux énoncés dans l'art. 1er ci-dessus. L'acheteur a seulement le droit de faire prendre l'animal et de se faire restituer le prix payé.

ART. 3. — Le délai pour intenter l'action rédhibitoire sera, non compris le jour pour la livraison, de trente jours pour le cas de fluxion périodique des yeux et d'épilepsie ou mal caduc, de neuf jours pour les autres cas.

ART. 4. — Si la livraison de l'animal a été effectuée, ou s'il a été conduit, dans les délais ci-dessus, hors du lieu du domicile du vendeur, les délais seront augmentés d'un jour par cinq myriamètres de distance du domicile du vendeur au lieu où l'animal se trouve.

ART. 5. — Dans tous les cas, l'acheteur, à peine d'être non recevable, sera tenu de provoquer, dans les délais de l'art. 3, la nomination d'experts chargés de dresser procès-verbal ; la requête sera

(1) Art. 1641. Le vendeur est tenu de la garantie à raison des défauts cachés de la chose vendue, qui la rendent impropre à l'usage auquel on la destine, ou qui diminuent tellement cet usage, que l'acheteur ne l'aurait pas acquise ou n'en aurait donné qu'un moindre prix s'il les avait connus.

présentée au juge de paix du lieu où se trouvera l'animal ; ce juge nommera immédiatement, suivant l'exigence des cas, un ou trois experts, qui devront opérer dans le plus bref délai.

La requête, faite sur timbre, mentionnera le nom et le domicile de l'acheteur et du vendeur, le prix, le signalement de l'animal, le jour de la vente. Par précaution, on ne spécifie pas le cas rédhibitoire, afin que l'expert nommé ne soit pas limité à la constation d'un seul cas, d'autres pouvant être découverts par lui.

L'ordonnance rendue par le juge de paix doit être enregistrée. L'ordonnance rendue, l'huissier assigne le vendeur pour être présent à la prestation de serment de l'expert, et l'ajourne en outre à paraître devant le tribunal de son domicile : ce tribunal est la justice de paix si l'animal a été vendu au-dessous de 200 fr., le tribunal civil en cas contraire ; c'est le tribunal de commerce si le vendeur est marchand. Le vendeur doit recevoir la double assignation dans le délai voulu par la loi.

Si on a acheté deux animaux appareillés, chevaux ou bœufs, on est fondé à demander la résiliation du contrat tout entier.

ART. 6. —La demande sera dispensée du préliminaire de conciliation, et l'affaire instruite et jugée comme en matière sommaire.

ART. 7. — Si, pendant la durée des délais fixés par l'art. 3, l'animal vient à périr, le vendeur ne sera pas tenu de la garantie, à moins que l'acheteur ne prouve que la perte de l'animal provient de l'une des maladies spécifiées dans l'art. 1er.

ART. 8. — Le vendeur sera dispensé de la garantie résultant de la morve et du farcin pour le cheval, l'âne et le mulet, et de la clavelée pour l'espèce ovine, s'il prouve que l'animal a été mis en contact avec des animaux atteints de ces maladies.

Telles sont les dispositions de la loi. On peut renoncer à la garantie pour vice rédhibitoire ; dans ce cas, le vendeur devra se faire donner une renonciation écrite. On peut également stipuler une garantie pour les défauts autres que les vices rédhibitoires, car pour ceux-ci elle va de droit, et aucune stipulation n'est nécessaire. On devra, dans ce cas, éviter une garantie trop générale ; on spécifiera les maladies ou les défauts dont on veut obtenir la garantie, ou même les qualités spéciales que doit posséder l'animal acheté ; on peut, en ce cas, soit prendre les délais de garantie de la loi, soit les prolonger.

CHAPITRE III. — REPRODUCTION.

Avant de s'occuper de la production du cheval, l'éleveur doit être fixé sur le type et la race qu'il doit choisir. Nous ferons donc précéder les préceptes de l'élevage d'un examen rapide du type et des races qui peuvent être l'objet de ses soins.

SECTION I. — TYPES ET RACES.

§ 1er. — *Types.*

Nous désignerons sous le nom de *type* l'ensemble d'un certain nombre de caractères qui rend un cheval ou une classe de chevaux plus ou moins apte à un service spécial et déterminé. Nous distinguerons trois types principaux, qui passent de l'un à l'autre par des nuances insensibles, mais qui, dans leur développement le plus complet, peuvent cependant être facilement appréciés : 1° le cheval de gros trait et de trait moyen, auquel appartiennent les chevaux de labour, ceux du roulage et même la plupart de ceux appliqués au service des omnibus et des lourdes diligences; 2° le cheval de trait léger; 3° le cheval de selle.

Le *cheval de trait* agit par son poids et sa masse en même temps que par sa force musculaire; la taille accompagnera la masse; elle en favorise l'application. Tout le système musculaire devra donc être bien développé; le poitrail, la croupe, les reins, se présenteront partout en saillie. Pour le cheval de gros trait, la vitesse et l'élégance ne sont que des qualités secondaires; l'épaule sera donc moins inclinée, les rayons supérieurs plus courts, mais en même temps, les os destinés à porter une masse plus considérable, à servir d'attache à de forts tendons, seront volumineux. Le tempérament même aura le caractère particulier des constitutions athlétiques : il sera plus lymphatique et sanguin que nerveux; l'énergie et la vigueur y prévaudront plus que l'excitabilité, et la puissance dans l'effort ne sera pas séparée de la persévérance et de la durée.

Le cheval de charrette, le limonier surtout, demande encore quelques autres qualités. Il aura le garrot épais, le dos droit et solide, le flanc court, les jarrets un peu coudés, les paturons courts, le pied solide et résistant, surtout vers les talons. Sa masse même sera proportionnée à sa charge : une forte encolure, des épaules saillantes, un large poitrail, le développement des muscles fessiers lui permettront de remplir les limons, le collier et l'avaloire.

Les forces massives du cheval de gros trait se modifient pour le cheval de diligence et de poste : l'encolure est plus longue, l'épaule plus inclinée, les membres plus dégagés sans être moins solides; la poitrine est profonde, le garrot mieux sorti, la tête moins lourde.

La figure 96 donne une idée du cheval de gros trait.

Le *cheval de trait léger* commence au carrossier, finit au cheval de tilbury et même au petit poney d'attelage.

Le *carrossier* doit réunir aux caractères de la force et de la vitesse l'élégance des formes; sa taille sera 1m55 à 1m65. Il aura un beau poitrail, une encolure haute et un peu peu rouée, l'avant-bras et le paturon plus longs que le cheval de trait ordinaire, du *tride* dans les mouvements, des allures brillantes, une croupe bien fournie sans êtres massive, et une grande puissance musculaire dans le train postérieur. La vigueur musculaire agissant dans ce tirage plus que la masse, on lui demandera une énergie, une excitabilité, qui ne seront pas portées au point de le rendre ombrageux ou indocile.

Le *cheval de cabriolet* ou de tilbury est un carrossier ayant moins de taille, moins d'élégance, mais exigeant souvent plus de fonds; il se rapprochera davantage du cheval de selle : reins plus forts et plus courts, membres antérieurs solides.

Les chevaux de trait léger ont en général plus ou moins de *sang*, et se régénèrent sous l'influence du cheval de course.

Le *cheval de course* a une conformation toute différente de celle du cheval de gros trait. Il a le corps élancé, la poitrine étroite, mais profonde, le garrot élevé, le ventre un peu levretté, le cou grêle, la tête fine, sèche mais cependant avec le front large et les ganaches amples; l'épaule est oblique, l'avant-bras long, ainsi que les paturons. la coupe très-longue, droite et bien musclée, le jarret large. En général, les formes sont sèches; les éminences osseuses bien prononcées, les tendons, les veines même apparentes.

Si à ces conditions matérielles, on ajoute un tempérament nerveux, une grande excitabilité développée par un régime particulier, qu'on nomme *entraînement*, on aura toutes les conditions propres à produire la vitesse et un effort énergique pendant une durée limitée.

Le cheval de course est un produit de l'art de l'éleveur, formé par des croisements dont l'origine remonte à la race arabe ou orientale. Sous l'influence du croisement, du régime et du climat, les Anglais ont créé une race particulière, nommée *race noble*, *pur sang*, dans laquelle on a cherché surtout à développer les caractères de la vitesse. Les luttes de vitesse, multipliées en Angleterre sous le nom de *courses*, et dans lesquelles sont engagées des sommes considérables, ont contribué à pousser les éleveurs dans cette voie. On est ainsi parvenu à créer les animaux les plus vites que le monde possède; mais, en même temps, des qualités précieuses, telles que le fonds, la force, la solidité, la sûreté des allures, la vigueur du tempérament, ont été quelquefois sacrifiées. Le cheval de course n'est souvent propre qu'à la course. Comme producteur, avec des croisements sagement combinés, il peut cependant communiquer quelques-unes de ses qualités.

Le *cheval de selle* se rapproche du cheval de course, mais il s'en distingue par une plus grande souplesse dans les mouvements, moins de longueur, plus de fonds et de sensibilité à l'action directrice de l'homme; il s'en éloigne encore, suivant les services qu'il est destiné à remplir. Sa destination la plus générale est la cavalerie de l'armée; hors de là, il n'y a guère que l'équitation d'agrément, et, dans quelques contrées exceptionnellement, l'usage de *bidets d'allure.* En Angleterre, le service de la chasse, beaucoup plus en vogue qu'en France, a créé un type particulier : le *hunter*, cheval de chasse, qui réunit au plus haut degré les conditions du cheval de selle.

Le cheval de selle doit avoir une tête légère et bien attachée, un crâne large, des naseaux bien ouverts, des yeux vifs et ardents, une encolure plutôt courte que longue, peu fournie et droite, pour permettre plus facilement l'appui du mors; une poitrine longue et haute, un garrot bien sorti, les épaules peu chargées de chair, une croupe horizontale et bien musclée, les jarrets larges, évidés, un peu coudés, des membres bien d'aplomb, des tendons parfaitement sains et bien détachés, un paturon assez long pour permettre des réactions douces, un pied bien conformé, un peu large au talon. Avec des reins et des flancs courts, les jarrets droits, les épaules longues, les avant-bras longs et les paturons courts, le cheval embrassera plus de terrain; mais les réactions seront plus dures, ses allures seront moins sûres.

Lorsqu'on veut de l'élégance dans le cheval de selle, ce qu'on recherche, par exemple, si on le destine au manége, on le choisira avec l'encolure légèrement rouée, bien fournie, l'épaule inclinée, mais les avant-bras courts et les paturons longs; de ces dispositions résultent des allures douces et cadencées. Ces caractères se retrouvent chez les chevaux orientaux et andalous.

§ 2. — *Des Races.*

Nous avons défini la *race* : un groupe d'individus d'une même espèce appartenant à une contrée et à une origine identiques, différencié par des caractères communs et tranchés, pouvant se reproduire héréditairement. L'espèce chevaline présente un assez grand nombre de races ainsi définies. Nous les diviserons en races françaises et races étrangères; nous ne citerons, parmi ces dernières, que les plus remarquables.

A. — Races étrangères.

Races arabes. — L'Orient paraît avoir été le berceau de l'espèce chevaline, et en recèle encore aujourd'hui les types primitifs : l'*arabe*, le *turkoman*, le *persan* et le *barbe*.

Le cheval arabe (fig. 90) a la tête fine et conique, le front large, les yeux grands et doux, les ganaches évasées, les naseaux ouverts, l'encolure droite, un peu déprimée à la naissance du garrot, qui est très-sorti, une crinière soyeuse et flottante; ses reins courts, mais souples, sont larges et solides; la ligne du dos, droite, se lie à une croupe bien musclée; le tronc est cylindrique; la poitrine rachète, par sa profondeur, un peu d'étroitesse du devant; les muscles des membres et les tendons, les articulations sont partout en saillie. L'ensemble de l'arabe est surtout remarquable par l'harmonie de ses lignes, la fermeté et la résistance de ses tissus, la finesse de sa peau. Ses formes sont sèches, anguleuses; ce qui tient au climat et au sol aride sur lequel il a vécu. Il tient de cette dernière condition un tempérament nerveux et sanguin, une sobriété et une énergie qui le rendent propre à supporter les plus longues courses.

C'est un cheval de vitesse, mais en même temps de fonds. On peut lui reprocher la petitesse de sa taille, qui dépasse rarement 1m35 à 1m40.

Ce type n'est pas le même dans toutes les parties de l'Arabie; il se modifie sous les influences du climat. Dans des pâturages gras et humides, ses formes s'empâtent, la tête s'alourdit, la taille s'élève; c'est ce qu'on observe en Égypte. Soumis au régime des pâturages médiocres, il devient grêle, avec une ossature disproportionnée, un ventre plus développé.

L'Algérie renferme beaucoup de ces types dégénérés. Le cheval oriental offre, dans la Perse, plus d'élégance et d'ampleur. Le cheval *turkoman* a été également vanté pour la beauté de ses formes, la puissance de ses moyens, la vitesse de ses allures. Les troupes nombreuses de chevaux qui vivent presque à l'état sauvage, sous le nom de chevaux *tartares*, dans les vastes steppes de l'Asie, ont pour le fonds, la taille et les formes, quelque analogie avec l'arabe, mais l'arabe un peu abâtardi.

Un cheval voisin de l'arabe, et qui semble s'être uni à lui pour donner origine aux chevaux de l'Afrique, est le *barbe*, originaire de cette dernière contrée; il a également servi à améliorer le cheval espagnol et anglais. Le barbe a plus de taille et d'élégance, des formes plus rondes que le cheval arabe, dont il reproduit d'abord les principaux caractères. Il s'en distingue encore par sa tête un

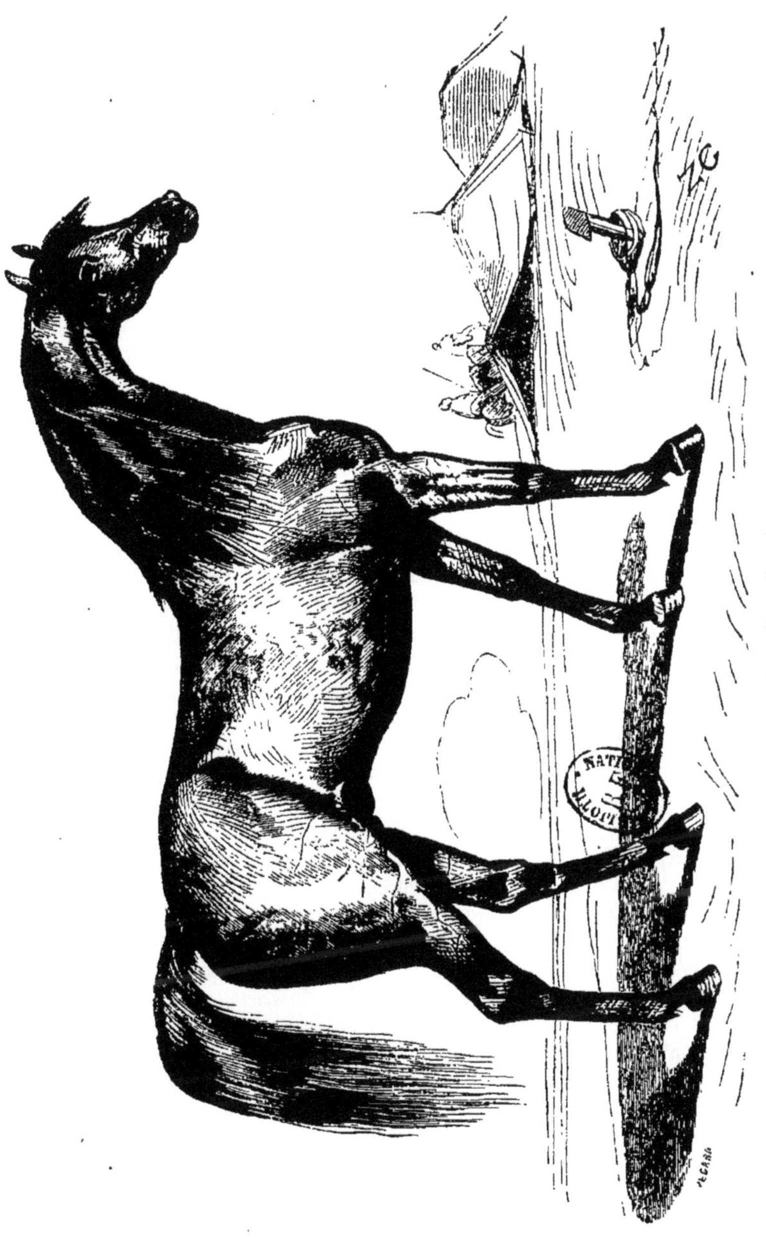

Fig. 90. — Cheval arabe.

peu busquée et ses paturons longs, qui donnent plus de grâce à son allure. Les beaux types du barbe sont rares aujourd'hui ; on les a proposés pour l'amélioration des chevaux de nos possessions d'Afrique.

Les races de la *Russie*, de la *Hongrie*, de la *Pologne*, sont plus ou moins imprégnées du sang oriental; et surtout de celui du cheval tartare. Les influences du climat et du régime ont établi beaucoup de nuances entre ces races sous le rapport de la taille et des formes. On trouve un grand nombre de chevaux abâtardis, quoique doués de cette robusticité que donne un élevage négligé ; mais à côté se rencontrent de beaux animaux, produits des haras des grands seigneurs ou de l'État, améliorés à l'aide des meilleurs types orientaux ou anglais.

Races allemandes. — L'*Allemagne* est dans le même cas. A mesure qu'on se rapproche du Nord et surtout des contrées à riches pâtures, la taille des races s'accroît ; mais, en même temps, le tempérament est plus mou, plus lymphatique. Le *Mecklembourg*, le *Holstein*, le *Hanovre*, produisent beaucoup de chevaux, soit pour le trait léger, soit pour l'armée. On reproche à ces animaux d'être un peu mous, de s'acclimater avec quelque difficulté.

Races anglaises. — Les *races anglaises* méritent d'être étudiées avec plus de détail, parce que l'éleveur de la Grande-Bretagne a su approprier chacune d'elles à sa destination. Le cheval de course et de selle et une grande partie des chevaux de trait légers appartiennent plus ou moins à un type propre à l'Angleterre, créé, en quelque sorte, par ses éleveurs, à l'aide du sang arabe ou barbe perfectionné par un régime, des soins particuliers, et par une sélection constante des reproducteurs. Ce type a reçu, comme l'arabe, le nom de *pur sang ;* la pureté du sang se constate par une généalogie bien suivie. Un cheval dont la généalogie est ainsi établie est dit *tracé;* cette généalogie constitue son *pedigrée.* On y ajoute encore, pour constater le mérite du cheval de course, sa *performance*, c'est-à-dire l'énumération des succès qu'il a obtenus sur le *turf*, c'est-à-dire dans les courses.

Nous donnons (fig. 91) le portrait d'un célèbre cheval de course, type du cheval anglais modelé par l'art de l'éleveur pour remporter sur les hippodromes le prix de la vitesse. Ce cheval peut rarement servir à d'autres usages; trop grêle de corps et de membres pour le trait, manquant en outre de souplesse pour la selle, il s'emploie seulement comme étalon, afin de communiquer du sang et de la vigueur. Son importance est très-grande en Angleterre, où plusieurs millions deviennent chaque année l'enjeu des courses. Elle est moindre en France, où peu d'amateurs peuvent se livrer aux opérations dispendieuses de l'élevage et de l'entraînement du cheval de course.

La seconde catégorie des chevaux anglais de sang, de demi-sang ou de quart de sang, fournit des chevaux moins vites, mais ayant plus de fonds et mieux conformés pour le service de la selle ou de la voiture légère ; le cheval de chasse, ou le *hunter*, est le plus beau type de cette espèce. Le *hackney* et le *poney* sont encore des

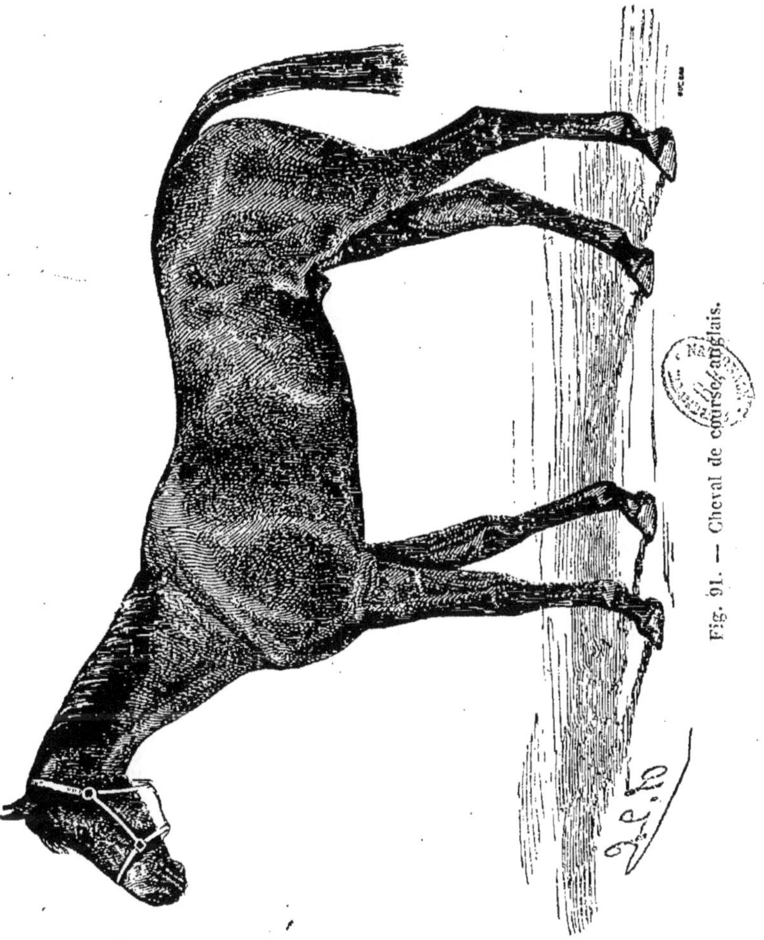

Fig. 91. — Cheval de course anglais.

chevaux de route anglais, ayant moins de sang ou même n'en possédant pas : le premier est le cheval de selle ordinaire, et réunissant toutes les qualités de ce service ; le *poney* est un petit cheval ramassé, doublé, nerveux et dur à la fatigue.

Les chevaux d'attelage et de trait léger sont des produits de chevaux demi-sang avec des juments de Yorkshire et de Durham; le *Cleveland bay*, qui a beaucoup de sang, fournit les carrossiers les plus élégants et les plus vites.

Le trait moyen emploie les chevaux du *Suffolk*, que le croisement avec des chevaux de sang a presque entièrement transformés; ils se distinguent par des formes un peu plus étoffées.

Nous n'avons rien à envier à l'Angleterre pour les animaux de gros trait; leurs principales races sont celles de *Clydesdale*, et le cheval noir, *black horse*.

B. — Races françaises.

Races françaises. — Les races françaises peuvent être considérées sous deux aspects : 1° leur destination particulière; 2° leur lieu d'origine. On doit faire observer cependant que sous ces deux rapports même, on ne peut établir une classification bien rigoureuse; il est une masse de chevaux sans caractère et sans origine bien déterminés, qu'on ne saurait classer nulle part.

On peut rapporter les races de chevaux français à six régions, qui sont le sud-ouest, le sud-est, l'ouest, le nord, le centre et l'est.

La plupart des chevaux élevés dans le midi de la France appartiennent au type léger; les chevaux de gros trait y sont importés de l'ouest et du centre. Dans la région pyrénéenne, on peut citer la race navarroise, peu nombreuse, modifiée aujourd'hui par le croisement arabe; cette race prend le nom de *bigourdane* vers Bagnères-de-Bigorre. Dans les Pyrénées-Orientales, il existe encore quelques chevaux dits de Cerdagne, qu'on vend à l'Espagne.

Les landes renferment 50 à 60,000 chevaux chétifs, dont on évalue le renouvellement à environ 3,000 par an. Le bassin de la Garonne et de ses affluents possède 150,000 têtes, appartenant à des types fort divers, la plupart importés; les naissances locales dépassent rarement 7 à 8,000. Quelques élèves de demi-sang se font dans les marais du Médoc, sous le nom de *médocains*.

Il n'y a pas de race bien caractérisée importante à signaler dans le sud-est, où le mulet domine; le climat sec et l'absence de pâturages sont peu favorables à l'élevage. Sur les bords de la Méditerranée, on retrouve des chevaux percherons, bretons, allemands, etc. On ne peut citer comme race locale que la *race camargue*, réduite à quelques centaines d'animaux employés seulement au dépiquage; on compte une population d'environ 100,000 têtes dans la région du sud-est, et 1,000 à 1,200 naissances.

Le *centre* comprend le massif montagneux du Limousin et de l'Auvergne, et au nord, le Morvan, la Nièvre et le Berri.

La *race limousine*, cheval léger, reconstituée en quelque sorte sous l'influence du haras de Pompadour, a plus ou moins de sang. On lui reproche le défaut de taille, qu'on a cherché à détruire en faisant émigrer dans les marais de l'ouest les animaux nés en Limousin ; on ne compte, du reste, que 800 à 900 naissances.

Fig. 92. — Cheval percheron.

L'Auvergne, où domine également le bœuf, a 40,000 chevaux environ dans quatre départements. Elle fait 1,500 élèves, qui se répandent dans le sud-est ; ce sont des chevaux de trait moyen, dont quelques-uns de croisement percheron.

Dans le reste du centre, on peut distinguer deux groupes : le premier, composé de la Nièvre, de l'Allier, de Saône-et-Loire, de la Côte-d'Or et de l'Yonne, possède 200,000 têtes. On fait 7 à 8,000 poulains, la plupart de gros trait et de trait moyen, où domine le type percheron, et un certain nombre de chevaux de remonte produits par les étalons des haras. Cette région n'a pas de race propre, car la race morvandelle est à peu près disparue ; les étalons des haras pour l'espèce légère, et les percherons pour le trait, sont presque exclusivement employés.

Le deuxième groupe comprend l'Indre, Indre-et-Loire, Loir-et-Cher, Eure-et-Loir. La race percheronne, dont le berceau est sur les confins de Loir-et-Cher, d'Eure-et-Loir et de l'Orne, est en immense majorité, mais la race poitevine se mêle avec elle vers le Berri. On y trouve encore le petit cheval des brandes de la Sologne et de la Brenne, peu gracieux de formes, mais robuste et rustique ; cette région a également 200,000 chevaux, et fait 5 à 6,000 élèves.

Les races de l'*ouest*, du *nord* et du *nord-ouest*, de trait, gros, moyen ou léger et de cavalerie, ont beaucoup d'analogie entre elles. Cependant, on les distingue en races poitevine, bretonne, percheronne et normande ; mais il est vrai de dire qu'il s'opère, entre ces diverses contrées, des échanges continuels : les poulains bretons se rendent dans le Perche et la Normandie, le Berri même ; un certain nombre de pouliches viennent peupler les marais du Poitou ; la Normandie va chercher dans les marais de la Vendée des carrossiers qu'on achève de former dans les pâturages plus secs de cette première contrée.

Le Poitou fait cependant des élèves assez nombreux. Ses juments servent à la production du mulet encore plus qu'à celle de l'espèce chevaline. Une race particulière, dite *mulassière*, a ses étalons destinés à produire la jument réservée au baudet. Cette jument a les formes bien développées, les membres forts, les pieds larges, avec un fanon très-garni de poils.

Le gros cheval du Poitou (marais) a la tête un peu lourde, le rein long et la croupe un peu courte, les os prononcés et du poil aux jambes. La partie bocagère de l'ouest fournit des chevaux légers pour la remonte. La population des cinq départements de la Vendée, Deux-Sèvres, Charente, Charente-Inférieure et Vienne, est de 300,000 têtes ; 7 à 8,000 élèves naissent par année.

Les six départements de la Bretagne, y compris la Mayenne, sont la pépinière la plus riche de l'espèce chevaline. On y compte près de 400,000 têtes et plus de 35,000 naissances. Dans l'arrondissement de Brest, il y a un cheval pour quatre hectares, tandis que la moyenne en France est de un pour dix-huit à vingt hectares. Le

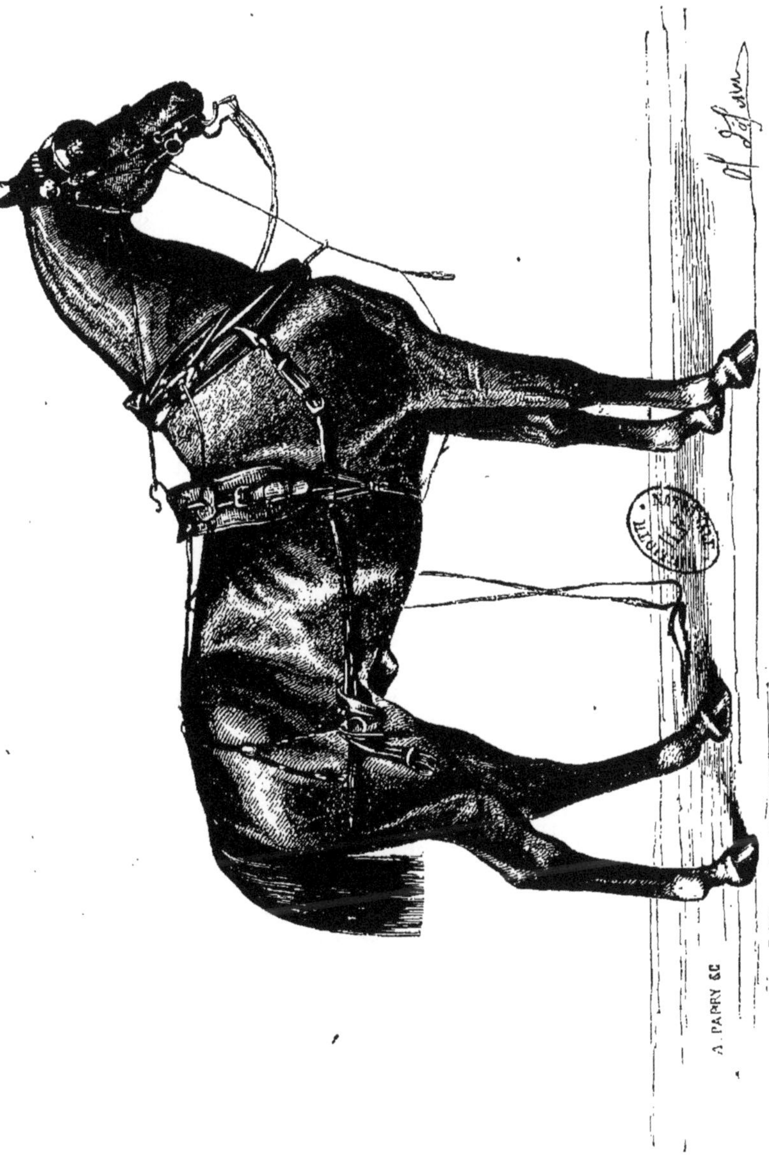

Fig. 93. — Cheval d'attelage anglo-normand.

type breton de gros trait existe surtout dans les Côtes-du-Nord, vers Tréguier, sur le littoral du Finistère. Les chevaux de poste, de cavalerie, sont plus nombreux. Quelques bidets se rencontrent dans le Finistère ; mais le cheval léger produit par des étalons de sang et demi-sang des haras tend à les remplacer. On fait également quelques carrossiers remarquables vers Saint-Pol-de-Léon.

Le cheval breton de trait se confond avec le percheron. Un grand nombre de poulains bretons émigrent, en effet, dans le Perche chaque année, et l'étalon percheron est employé fréquemment dans les Côtes-du-Nord. La robe de tous les deux est en général gris pommelé ou rouan. Le cheval qu'on remarque habituellement dans le Perche offre cependant des différences avec la population chevaline du littoral des Côtes-du-Nord et du Finistère. Dans ce dernier pays, le breton a la tête plus lourde, le poil des jambes plus touffu, le pied plus large, les formes plus rondes, les canons et les paturons courts. Le cheval percheron (fig. 92) a une taille de 1m50 à 1m60, la tête carrée, mais forte, laissant un peu à désirer dans l'attache, jarret peu sorti, épaules larges et charnues, poitrine vaste, côte arrondie, dos et reins souvent longs, croupe doublée, quelquefois avalée, membres courts, épais, paturons courts garnis de poils, pied parfois large. Le percheron que choisit le service des *omnibus* ou des diligences a la tête plus fine, plus conique, l'encolure droite, un peu plus dégagée, quoique forte, les membres plus secs et plus nerveux. On peut leur reprocher l'épaule encore droite, l'avant-bras manquant parfois un peu de force. Aujourd'hui, on tend à grandir la race, tout en lui conservant l'étoffe. Le percheron étoffé passe par des nuances insensibles au boulonnais.

Le centre d'origine de la race percheronne est dans la contrée formée par la réunion des arrondissements de Nogent-le-Rotrou, Vendôme et Mortagne, qui portait autrefois le nom de Perche.

Le nombre des poulains naissant dans le Perche même ne doit pas être estimé à plus de 2,000. La population chevaline du Perche proprement dit s'élève à 30,000 têtes environ ; mais l'élève de la race percheronne s'étend dans presque tout le nord et le centre.

Les races propres à la Normandie (fig. 93) sont celles de trait, léger ou de selle (à deux fins), du Calvados, de l'Orne et de la Manche. Le cheval du Calvados a été allégi depuis quelques années par le sang anglais ; mais, dans les pays à riches pâtures, l'animal prend des dispositions lymphatiques, de l'empâtement dans les articulations, une tête un peu forte, légèrement busquée vers le bout du nez, et manque de vivacité. La plaine de Caen, qui élève plutôt qu'elle ne fait naître, a des chevaux plus légers, plus distingués dans leurs formes ; mais c'est le Merlerault, partie des arrondissements d'Alençon et d'Argentan, qui fournit au luxe ses plus beaux carrossiers : tête fine à chanfrein droit, yeux expressifs, orbites saillantes, encolure mince et élégante dans son port, jarret sorti,

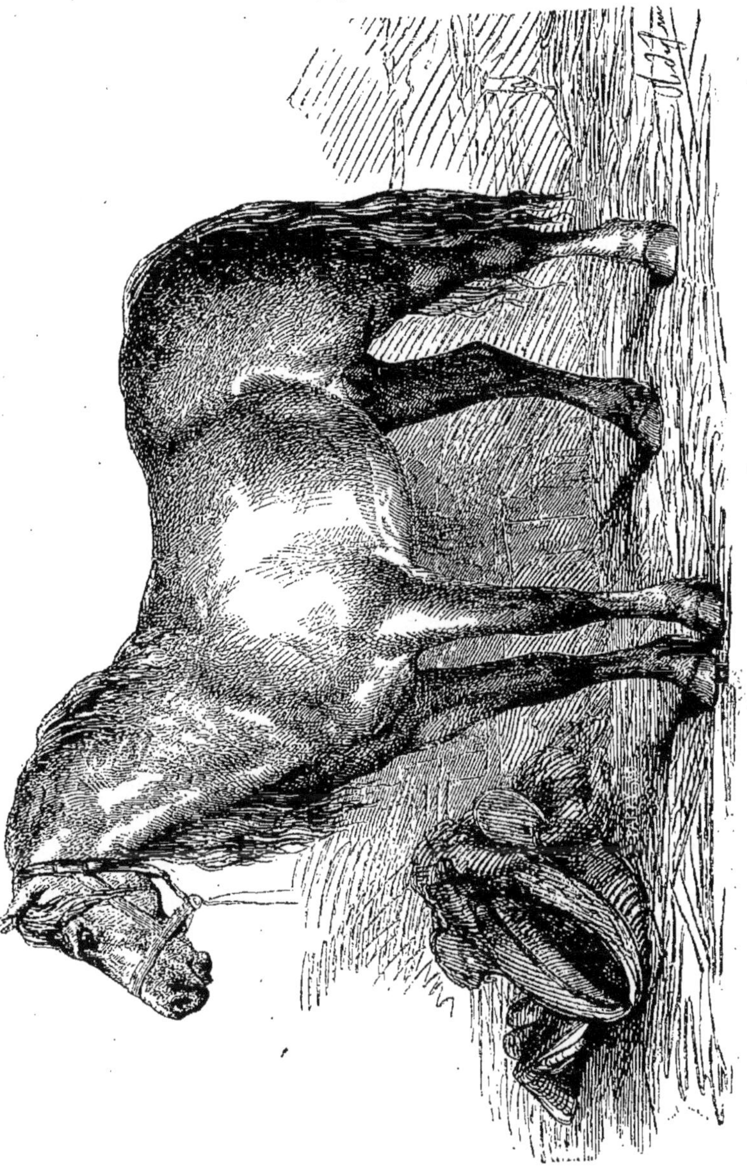

Fig. 94. — Cheval boulonnais.

épaule longue et inclinée, reins bien attachés, extrémités minces quelquefois un peu longues, allure pleine de souplesse et d'élégance. Le sang anglais s'est mêlé à cette race dans une grande proportion. La masse appartient encore, cependant aux chevaux à deux fins mêlés de beaucoup de chevaux de trait moyen plus ou moins percherons ou bretons, dont le nombre s'accroît dans l'Eure et la Seine-Inférieure. Les quatre départementsde la Normandie présentent un effectif de 325,000 têtes; on y compte 135,000 juments et plus de 68,000 élèves au-dessous de 3 ans. L'extrémité de la Manche, *la Hague* a des chevaux plus légers, connus autrefois sous le nom de bidets de la Hague.

La Seine-Inférieure, dans l'arrondissement de Dieppe, forme en quelque sorte le trait d'union des races normande, percheronne et boulonnaise. Cette dernière race occupe tout le département du Nord, depuis Dieppe jusqu'à Dunkerque, en se modifiant cependant dans le pays de Caux, dans le Vimeux, dans le bas ou le haut Boulonnais, et dans la Flandre française.

En général, le cheval boulonnais (fig. 94) se reconnaît à sa taille élevée, $1^{m}55$ à $1^{m}63$, à ses formes massives, athlétiques, à son encolure puissante, un peu courte; le poitrail, large, est flanqué d'épaules fortes, un peu droites; les saillies musculaires se dessinent aleme nt sur la croupe; ses cuisses pourraient être plus descendues; membres solides, péchant quelquefois par un avant-bras un peu mince; paturons courts et recouverts par le poil, robe gris pommelé. Le Vimeux et le pays de Caux élèvent les poulains nés dans le haut Boulonnais, près Saint-Pol, Montreuil, Boulogne. Le Boulonnais a également d'excellents chevaux plus légers, au delà de Boulogne. La grosse race boulonnaise prend encore plus de taille dans le Nord, où on la trouve sous le nom de race de Bourbourg ou du *Furnes-Ambact.* On rencontre à côté du boulonnais, et se confondant quelquefois avec ses types les plus défectueux, les races belges du *Condros*, cheval massif et lymphatique.

Sur les 150,000 chevaux que possèdent les trois départements du Nord, de la Somme et du Pas-de-Calais, on peut compter chaque année 12 à 15,000 naissances, appartenant presque exclusivement aux espèces de trait.

Races de l'est. — La *race ardennaise*, qui a joui autrefois d'une grande réputation, est l'une des principales. Elle se confond aujourd'hui, soit avec la percheronne ou boulonnaise, soit avec cette masse de chevaux à deux fins créés sous l'influences des haras.

Les races lorraines se sont également transformées comme les races ardennaises. Elles appartiennent, en général, au type du cheval de trait et de cavalerie. La taille, qui dépasse rarement $1^{m}45$, s'est un peu élevée depuis que la culture s'est développée. Le cheval a pris plus de corps; beaucoup d'animaux rappellent par la forme de la tête, la largeur du front, les croisements essayés jadis avec la race dite ducale des Deux-Ponts. Les existences sont nombreuses dans les trois départements de la Lorraine ; elles dépassent 200,000 têtes, dont 40,000 élèves.

Le *cheval comtois* a longtemps formé un type à part, plus remarquable par l'ampleur et la taille que par l'élégance. Tête massive, formes empâtées, croupe arrondie, membres assez gros, quoique avec des avant-bras un peu grêles, robe en général bai brun ou rouge, tel était l'ancien modèle que les croisements suisses et percherons ont modifié un peu. Le Jura, le Doubs, font un certain nombre d'élèves, qui descendent vers la vallée de la Saône. Toutefois, la race comtoise est peu nombreuse.

En résumé, tous les chevaux français peuvent être ramenés aux trois types principaux que nous avons décrits en tête de ce chapitre : 1° le cheval de gros trait, auquel appartiennent à divers degrés le boulonnais, le comtois, le poitevin, le percheron, le breton ; 2° le cheval de trait intermédiaire, de poste, diligence, *omnibus*, que représentent les percherons, l'ardennais, les bretons, et même les boulonnais un peu plus allégis, le cheval de trait léger, carrossier, chevaux de tilbury, etc., fourni par le Merlerault de la plaine de Caen et quelques points de la Bretagne et de la Vendée ; enfin, le cheval de selle est produit encore par les mêmes contrées, et la cavalerie de l'armée le trouve un peu partout, mais surtout en Normandie, en Bretagne, en Lorraine. Dans les intermédiaires de ces types, se place une masse énorme de chevaux communs sans type bien prononcé, servant à toutes fins.

La population chevaline progresse en France à peu près de même que la population humaine, de manière que depuis 1789, le nombre des chevaux est de 8 pour 100 habitants. Le nombre des chevaux était en 1789 de 2,480,900 ; en 1812 : 2,285,312 ; en 1829 : 2,453,712 ; en 1840 : 2,878,046, et en 1850 : 2,983,002.

D'après le dernier recensement de 1850, le nombre des chevaux en France serait ainsi réparti : chevaux de quatre ans et au-dessus, 1,195,834 ; juments de quatre ans et au-dessus, 1,232,772 ; poulains et pouliches de trois ans et au-dessous, 554,426 ; les naissances seraient par an environ de 185,000, ce qui suppose le quart environ des juments livré à la reproduction et un renouvellement par 14e. Il y a en France, en moyenne, 8 chevaux pour 100 habitants ; mais ce chiffre varie de 2 à 19, suivant les départements.

La France achète, chaque année, de 20 à 25,000 chevaux à l'étranger, et lui en vend de 4 à 8,000 ; c'est un excédant de 12 à 15,000 chevaux importés.

Le plus grand consommateur de chevaux de selle est sans contredit l'armée. L'achat annuel, assez irrégulier, est tantôt de 7, 8 ou

15,000. En cas de guerre, il prend des proportions beaucoup plus larges : ses dépôts de remonte sont au nombre de dix-sept.

SECTION II. — ÉLEVAGE.

§ 1er. — *Diverses espèces d'élevage.*

La production du cheval prend en France des formes variées ; rarement elle se fait sur une large échelle, et comme industrie unique ; les grands haras presque *sauvages* qui existent encore dans le nord de l'Europe sont inconnus chez nous. Les haras domestiques un peu considérables sont fort rares. L'herbager et le cultivateur se partagent en général l'élevage du cheval, en y associant fréquemment celui de l'espèce bovine. Souvent même, l'élevage complet ne s'achève pas sur la même exploitation.

Le pays d'herbage, ordinairement, fait naître et revend le poulain tantôt à la première, tantôt à la deuxième année, au cultivateur de la plaine, qui le livre à un travail léger, mais suffisant pour payer son entretien. A trois ans, le poulain passe quelquefois dans une ferme nouvelle, où des travaux plus rudes, mais accompagnés d'une nourriture plus riche, le préparent aux services de la diligence ou du roulage, auxquels on le livre à quatre ou cinq ans. Dans les contrées dépourvues d'herbages, l'élevage se fait tout entier dans la ferme. L'élevage du cheval léger emprunte également aux deux méthodes ; du reste, ce passage successif dans des conditions de sol, de climat, de culture différents, satisfait souvent et aux lois de l'économie et à celles de l'hygiène.

L'éleveur varie également sa production sous le rapport de la race, du type, du sexe. Tel préférera l'élevage du cheval commun, tel autre celui du carrossier ou du cheval de remonte ; l'un fera des juments, tel autre des étalons ; les circonstances décident de la spéculation. La facilité de vendre aux remontes, le voisinage d'un dépôt d'étalons, un sol propre au cheval de trait ou de selle, un pâturage qui *affine* ou fait du gros, porte à la lymphe ou au sang ; la demande plus ou moins active et la réalisation prompte et certaine de tel ou tel type, seront autant de causes déterminantes du choix de l'éleveur.

La race sera choisie par les mêmes considérations. Si on se décide pour l'espèce de trait, les races françaises offrent aujourd'hui tout ce qu'on peut désirer. Veut-on le gros trait et la taille, on trouvera la grande race boulonnaise de Bourbourg. Veut-on plus de vitesse, le percheron, amélioré par un peu de sang, donnera le cheval de poste, d'*omnibus* et de diligence.

Beaucoup d'hippiatres admettent aujourd'hui que le sang anglais ou arabe convient pour l'amélioration de toutes les races et de tous les types, auxquels il donne la vigueur et l'énergie. On attache une importance non moins décisive à la généalogie des reproducteurs. Ces principes, vrais dans leur généralité, souffrent cependant des exceptions, et veulent dans tous les cas, être appliqués avec prudence et discernement.

L'infusion du sang anglais ou arabe dans nos races de gros trait et dans nos bons types de trait moyen ne devra avoir lieu qu'à petites doses, en le faisant passer par l'intermédiaire de quart de sang déjà étoffé. Le sang arabe sera réservé pour le sud, le sang anglais pour le nord.

Si l'éleveur s'attache à l'espèce de trait léger ou de selle, il trouvera aujourd'hui la route parfaitement tracée par nos éleveurs, et aplanie par l'auxiliaire des dépôts d'étalons de l'État. Il se procurera, sans avoir recours à l'importation du *hunter* anglais, de beaux pur-sang ou demi-sang anglo-français sur plusieurs points de notre territoire.

Enfin, l'élevage peut avoir pour objet le cheval de sang et le cheval de course; cet élevage, beaucoup plus chanceux que celui du cheval commun, convient surtout au grand propriétaire, qui attache plus d'importance à une œuvre utile pour le pays et aux triomphes des hippodromes qu'au profit de la spéculation.

§ 2. — *Haras, boxes, parcs.*

L'élevage du cheval commun, tel qu'il se pratique dans tous les pays d'herbage, n'entraîne d'autre installation que quelques séparations dans les écuries, pour l'hivernage des animaux. Ces installations sont même malheureusement négligées la plupart du temps.

L'élevage de chevaux de race distinguée demande un peu plus de soins dans la disposition des bâtiments, surtout quand la nourriture se donne presque exclusivement à l'écurie. Il est des degrés différents dans l'importance de cet élevage : on peut se contenter de faire saillir quelque bonne jument pur-sang ou demi-sang, soit par des étalons du gouvernement, soit par ceux des particuliers; dans ce cas, il suffira de quelques dispositions dans les écuries ordinaires : une clôture en planches ou un simple grillage constituera à peu de frais une boxe pour les mères et leurs produits.

Si on voulait se livrer à un élevage plus considérable, il serait avantageux pour le service d'installer une espèce de haras. Des éleveurs préfèrent isoler les animaux dans des boxes placées au milieu d'enclos ou paddoks séparés; ces boxes sont des espèces de petites écuries fort simples, dont le sol est en terre battue mêlée de cendres; un râtelier est posé sur l'un des côtés.

D'autres réunissent tous les animaux dans un grand hangar ou bâtiment, avec diverses dispositions pour les étalons, les juments et les poulains.

Voici une disposition donnée par M. Monny de Mornay, pour un haras composé de deux étalons et de huit juments, qui nous paraît convenable. Si l'éleveur ne l'adopte pas tout entière, il pourra s'en approprier quelques détails.

On voit fig. 95, la coupe et l'élévation du bâtiment principal. Il a un rez-de-chaussée de 4 mètres sous le plancher, avec gre-

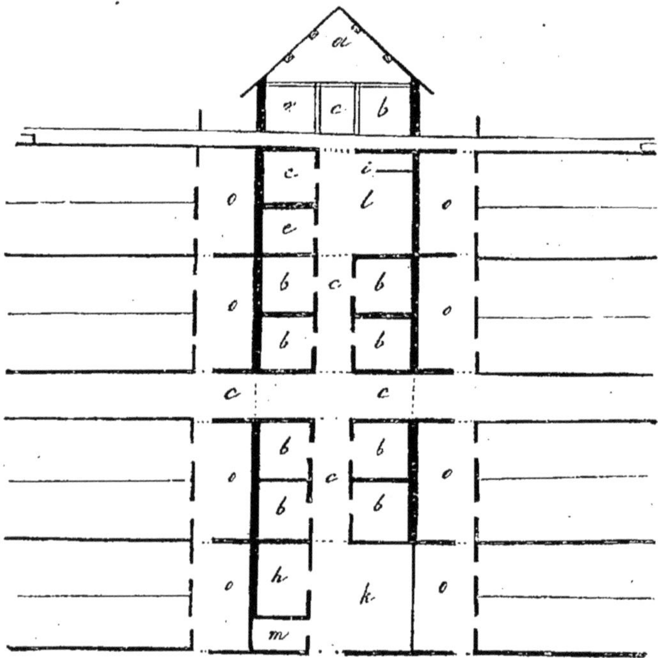

Fig. 95. — Coupe et élévation d'un haras pour deux étalons et huit juments.

nier *a* au-dessus ; le toit, à deux pentes, est en saillie de 2 mètres de chaque côté. Ce bâtiment, a 11 mètres de large dans œuvre ; il se divise dans sa longueur en deux rangs de boxes, séparés par un passage intérieur *c*, de 3 mètres, sur lequel ouvrent celles-ci ; chaque boxe a 4 mètres de long sur 5^{m}50 de large. Un autre passage coupe le bâtiment en deux par le travers, et correspond à deux avenues conduisant aux portes ; aux boxes sont attenants des cours *o* et des parcs *n* ; il y a deux parcs pour chaque jument, afin qu'on puisse la mettre alternativement dans l'un ou dans l'autre. La figure ne donne qu'une portion de la longueur des parcs, longueur qui peut être de 30 à 40 mètres. Aux deux extrémités de la double rangée de boxes des juments *b*, *b*, *b*, *b*, *b*, *b*, *b*, *b*, on place d'un bout la cour des étalons *l*, sur laquelle s'ouvrent les deux boxes *e*, *e* de ces animaux ; *i* est une barrière pour l'essai de la jument. A l'autre bout est le logement du surveillant *h*, sous lequel existe la cave aux racines, au-dessus le grenier à l'avoine ; en *k* est une petite cour en dépendant.

Ce haras se complète par les boxes et les parcs des poulains et pouliches. Aux extrémités sont établies deux boxes, et quatre de chaque côté ; l'exiguité du dessin a permis d'en indiquer seulement quatre : *m*, *m*, *m*, *m* ; ces boxes sont adossées au parc des juments ; du côté des étalons sont des poulains, et à l'autre extrémité les pouliches. Chaque boxe est précédée d'une cour de 10 à 12 mètres de large sur 20 à 24 mètres de longueur, sur laquelle ouvrent deux parcs de 100 mètres de long environ.

L'ensemble de toutes ces dispositions, bâtiments, cours et parcs, pourrait couvrir 1 hectare 50 ; tout s'y trouve concentré et distribué pour que le service soit économique, prompt et facile, ainsi que la surveillance. Ce plan se prête au développement proportionnel d'un élevage plus étendu ; on peut évidemment le modifier suivant les besoins locaux. Quelquefois on supprime le corridor *c*, et on fait ouvrir les boxes sur les cours *o* ; la surveillance en est moins facile, mais la circulation et certains services sont plus commodes. Un système plus économique encore consiste à ne faire qu'un simple rang de boxes en appentis.

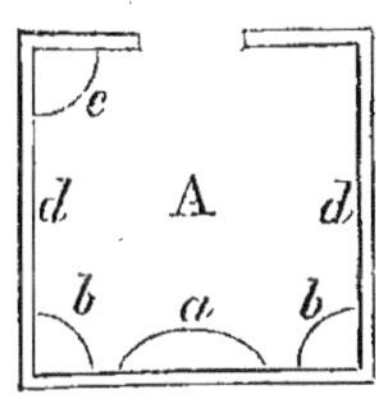

Fig. 96.

La figure 96 donne sur une échelle un peu plus grande le plan d'une boxe de jument : *a* est le râtelier en corbeilles de fer ; *bb*, mangeoires en pierre, placées dans les angles, de chaque côté du râtelier ; *c*, petite auge dans laquelle on met à manger pour le poulain quand il devient un peu fort ; on attache alors la mère, pendant le repas, à l'un des anneaux *d*. Il existe en dehors un râtelier placé dans la cour *o*, fig. 95, protégé par l'avance du toit, et une auge.

Figure 97, paroi du mur de la boxe opposée à la porte ; *a*, râtelier ; *b*, fenêtre de 65 centimètres sur 2 mètres, fermée par un châssis à bascule ; *e*, mangeoires ; *d*, anneau. En bas est une ouverture, fermée d'une porte, par laquelle on pousse le fumier en dehors dans la cour ; ce système, un peu dispendieux, est remplacé presque toujours par l'enlèvement à la civière ou à la brouette.

Figure 98, paroi dans laquelle est pratiquée la porte, de 1m35 de large et de 2m30 de haut. Le panneau supérieur est remplacé par des barreaux de fer arrondis ; à la partie supérieure est un grillage pour aérer la boxe ; on le remplace en été par un canevas qui ne laisse pas pénétrer les mouches. Pour la boxe des étalons, fig. 99,

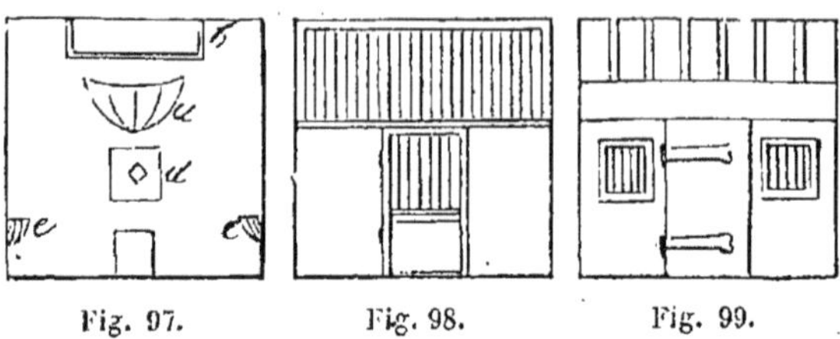

Fig. 97. Fig. 98. Fig. 99.

la porte sera pleine, en chêne, et solidement fermée. Le grillage supérieur sera un peu plus élevé. On garnira de plaques de tôle ou de zinc tous les bois que les animaux pourraient atteindre et ronger. Les verrous pourront être ouverts de l'intérieur des boxes et sans qu'il soit possible cependant aux animaux de les ouvrir eux-mêmes. On aura soin de placer des rouleaux de bois aux angles où les juments ou les poulains seraient dans le cas de se blesser.

Le personnel de l'élevage est proportionné à son importance et à

Fig. 100. — Boxe d'élevage de M. Gayot.

l'espèce d'animaux qu'on élève. Dans l'élevage de la ferme, c'est le cultivateur lui-même qui surveille le palefrenier ou garçon d'herbage chargé du soin des animaux. Mais, quel que soit l'homme préposé à ce soin, il doit réunir à l'attention et à l'exactitude l'amour du cheval.

La figure 100 donne la prespective d'une autre boxe d'élevage indiquée par M. Gayot.

§ 3. — *Choix des reproducteurs.*

Le choix des reproducteurs est de la plus haute importance. On prendra un étalon dont l'origine soit bien établie ; si c'est un cheval de sang, on vérifiera sa généalogie, on s'informera s'il existe des défauts héréditaires dans sa lignée, tels que la pousse, l'immobilité, les tics, les affections des yeux. La localité où il a été élevé, l'écurie d'où il sort, les services déjà rendus, sont des points à vérifier. Lorsqu'on veut donner de la taille, on conseille de prendre l'étalon du Nord ; de la vigueur, une constitution sèche, nerveuse, celui du Midi. Quant aux qualités individuelles, indépendamment d'une conformation convenable et appropriée au but qu'on se propose, l'étalon aura les qualités suivantes : les parties sexuelles normales et bien développées, les testicules fermes et relevés, le front large, les yeux vifs, une physionomie expressive qui indique l'énergie et la vigueur jointes à un bon caractère, la poitrine vaste et profonde, les flancs et les reins courts et puissants, les jarrets solides ; on évitera les constitutions lymphatiques à l'excès, décelées par l'empâtement du système glandulaire, les vices de conformation, les tares héréditaires, une corne blanche, des engorgements tendineux, des exostoses même acquises, tels qu'éparvins, courbes, jardons, etc. Il sera toujours bien d'avoir vu l'étalon faire ses preuves et de connaître ses produits. Il ne devra pas saillir avant trois ans ; on en a vu saillir encore après vingt ans.

On fera travailler l'étalon en commun ; on donnera de l'exercice aux étalons de sang. On doit éviter les excitations ; la nourriture doit être abondante sans être échauffante.

Les étalons appartiennent soit à l'État, soit aux particuliers ; quelques-uns appartiennent aux départements, mais sont réunis maintenant à ceux de l'État. Aujourd'hui, le nombre des étalons entretenus dans les dépôts et haras de l'État est d'environ 1,400. Dans ce nombre, on compte à peu près 320 pur-sang anglais ou arabes, 1,000 demi-sang du type léger ou carrossier ; le reste consiste en étalons de trait boulonnais, percherons, dont le nombre a été beaucoup diminué depuis la récente organisation des haras. Ces étalons renfermés dans vingt-six dépôts, sont répartis, d'après un état dressé par les inspecteurs, approuvé par le ministre, au mois de février de chaque année, dans trois cents stations environ, où ils restent jusqu'à la fin de juin.

Le nombre des juments à saillir pour chaque étalon, déterminé d'avance, varie de 50 à 75, suivant la force et l'âge du producteur.

Le propriétaire qui veut faire saillir une jument adresse, soit au dépôt, soit à la station qu'il lui plaît de choisir, une demande indiquant l'étalon qu'il désire; il est alors inscrit à son rang; il lui est en même temps délivré une carte d'admission portant le nom de l'étalon, avec indication jour où il peut se présenter. En échange de cette carte, extraite d'un registre à souche, il est, lors de l'admission, délivré un certificat de saillie. Il est dû pour la monte de la jument un *minimum* de 6 francs, qui peut s'élever beaucoup plus haut et est fixé d'avance d'après une échelle graduée sur le mérite des étalons; la saillie s'élève jusqu'à 200 francs pour certains étalons de sang. Il n'est pas dû de pourboire aux palefreniers. La moitié de ce prix se paie à la première saillie, qui peut être renouvelée trois fois à sept ou huit jours d'intervalle. Le propriétaire doit faire connaître ultérieurement au dépôt les résultats de la monte. Des instructions sont d'ailleurs données dans chaque circonscription.

Les étalons des particuliers sont *approuvés* ou non approuvés, *rouleurs* ou stationnaires. L'approbation a lieu par l'administration des haras, sur la proposition des inspecteurs, qui apprécient l'étalon, soit chez l'éleveur, soit dans un lieu déterminé où les étalons d'une certaine circonscription peuvent être amenés à une époque indiquée d'avance. Le propriétaire d'étalons approuvés reçoit une prime variable qui est, au minimum, de 500 à 1,200 francs pour un étalon pur sang; de 300 à 600 francs pour un demi-sang, de 100 à 300 francs pour un étalon de gros trait. On compte aujourd'hui près de 500 étalons approuvés. Il existe également des étalons simplement *autorisés*, mais qui ne reçoivent pas de subventions ; cette catégorie est très-peu nombreuse. Quelques-uns des étalons approuvés circulent dans la contrée à laquelle ils appartiennent : ce sont des étalons rouleurs. Mais, malheureusement, à côté de ces étalons contrôlés, il en existe d'autres non approuvés, qui vont également faire la saillie dans les campagnes; animaux assez souvent défectueux et tarés, contre lesquels on ne saurait assez prémunir les éleveurs. Beaucoup de cultivateurs se laissent séduire par la taille et les formes massives, qui ne sont que des conditions de second ordre.

En somme, il existe environ 1,800 étalons de l'État, des départements, et approuvés, qui saillissent 90,000 juments sur 600,000, et donnent à peu près 40,000 produits. Ils interviennent donc dans la production pour 15 à 17 p. 100; mais cette proportion n'est pas la même partout. Dans les contrées où se font les chevaux de trait, principalement le Boulonnais, le Perche, partie de la Bretagne, elle est de 7 à 11 p. 100 seulement; elle s'élève à 20 et 25 dans les pays à production carrossière, et dans le Midi, elle atteint 40 p. 100. Des primes de 200 à 400 francs sont également accordées aux juments de pur sang.

Les *poulinières* demandent à être choisies avec autant de soin que l'étalon, car leur influence est au moins égale à celle du mâle sur le produit. La *poulinière* devra remplir à peu près les mêmes conditions extérieures et individuelles que l'étalon; on saura de plus si elle est bonne nourrice. Elle aura une croupe large et non avalée, un bassin bien développé ; la jument ne sera saillie qu'à trois ans, plus tard même si elle est de race distinguée. Une jument peut porter jusqu'à vingt ans.

L'appareillement a lieu sous le rapport du tempérament, des formes et de la taille. On donnera à une jument d'un tempérament irritable un étalon plus calme, et *vice versâ*. Si elle est haut montée, le mâle sera trapu ; si elle a la tête busquée, on prendra un étalon à chanfrein droit. On évitera de donner à la jument un étalon de taille trop disproportionnée, beaucoup plus grand qu'elle surtout, car il en résulterait une prédisposition à l'avortement et un part difficile.

§ 4. — *Saillie.*

La jument doit, pour la saillie, être en chaleur (quelquefois cependant, on a vu retenir des juments qui n'étaient pas dans cet état). Le chaleur se manifeste plus particulièrement dans les premiers mois de l'année et d'une manière assez irrégulière. Le voisinage du cheval entier provoque les chaleurs de la jument, et quelques éleveurs emploient ce rapprochement dans ce but.

La chaleur se reconnaît à des signes extérieurs : les parties sexuelles s'enflent, la vulve est plus rouge, elle sécrète une liqueur visqueuse et blanchâtre ; souvent, la jument se campe pour uriner, et cela sans autre projection que la liqueur dont on vient de parler. En cet état, elle hennit, est inquiète, irritable, souvent elle rue ; cet état persiste quelquefois deux ou trois jours. Si on doit conduire la jument à un étalon éloigné, on veille à l'apparition de ces signes.

On fait saillir ordinairement les juments du mois de février au mois de juin. Cette époque est convenable, parce qu'elle reporte la naissance du poulain au printemps, époque où la mère et plus tard le poulain trouveront une pâture succulente. Il vaut toujours mieux faire venir le poulain plus tôt que plus tard, afin d'éviter la chaleur de l'été et de ménager toute la belle saison pour sa croissance.

Il est deux modes de saillies : la saillie en liberté et la saillie à la main. La *monte en liberté*, sans intervention aucune de l'homme, est usitée seulement dans les grands *haras sauvages* ou parqués. La monte en liberté, qui consiste à placer l'étalon et la jument seuls dans un enclos, est également peu usitée. Les deux modes exposent l'étalon à s'épuiser, à recevoir des atteintes de la jument.

La *monte à la main* est donc presque exclusivement employée.

Ordinairement on s'assure, à l'aide d'un *boute-en-train*, cheval entier de peu de valeur qu'on fait approcher de la jument, en ayant soin de le maintenir solidement pour l'empêcher de saillir, si celle-ci est disposée à recevoir le mâle. Si elle se campe, souffre l'approche, on peut la faire saillir; il en est autrement si elle rue et se défend.

Pour la monte, on place la jument dans une partie unie de la cour, ou, s'il existe de la différence entre sa taille et celle de l'étalon, on la dispose sur un terrain plus élevé ou plus bas. Pour empêcher la jument de ruer si elle a ce défaut, on prend chacun des pieds de derrière dans un nœud coulant pratiqué au bout d'une longue corde ; les deux cordes se croisent sous le ventre et viennent s'attacher aux anneaux d'une bricole. La jument porte un bridon, quelquefois même s'il est nécessaire, un touche-nez qu'on défait aussitôt que l'acte commence.

On amène ensuite l'étalon, qui porte, outre son bridon, un caveçon. Quelquefois, le bridon est simplement muni d'une chaîne plate attachée à l'un de ses anneaux et coulant dans l'autre; en tirant sur cette chaîne, on opère une pression sur les barres. On approchera l'étalon, on lui fera flairer la jument; on ne le laissera s'enlever qu'au moment où on le verra bien disposé. A cet instant, celui qui tient le bridon relèvera la queue, et celui qui conduit l'étalon l'aide en introduisant la verge. L'acte s'opère d'autant plus vite que l'étalon est plus vigoureux. Aussitôt qu'on s'aperçoit, à l'état de prostration de l'étalon, que l'opération est terminée, on fait avancer la jument après avoir desserré les entraves. On ne doit pas laisser reculer le cheval, ce qui fatigue et use les jarrets.

Les cultivateurs emploient souvent moins de précautions. Dans la cour est une barrière de 1 mètre environ sur 2 mètres à 2m50 de long; la jument et l'étalon sont amenés et placés chacun d'un des côtés de cette barrière. La jument est mise en rapport avec l'étalon, d'abord par la tête, ensuite par la croupe, et si la jument paraît disposée, la monte a lieu. Cette opération se fait quelquefois avant que les animaux n'aillent au travail ou au retour; il vaut mieux cependant laisser un peu de repos à la jument. Il est bon de faire saillir la même jument matin et soir; la réussite est plus certaine. On représente ordinairement la jument au bout de neuf jours, et on laisse le cheval saillir, si elle semble y consentir; on recommence au bout de neuf autres jours, et ainsi de suite, jusqu'à ce que la jument refuse le mâle. La jument peut être saillie et porter tous les ans, à la condition cependant d'être bien nourrie, surtout quand elle allaite.

Un étalon peut saillir deux fois par jour. Des étalons saillissent jusqu'à cent juments par saison.

§ 5. — *Conception, gestation et mise-bas.*

Il n'existe pas de signes positifs de la conception ; une jument peut prendre le mâle après avoir conçu, le refuser quoique non pleine. Toutefois, on doit éviter de faire saillir, et même de rapprocher des étalons les juments qu'on suppose pleines, parce qu'il en pourrait résulter l'avortement dans les premiers temps de la gestation.

On a calculé que sur 100 juments livrées aux étalons des haras, 25 p. 100 ne sont pas fécondées ; et sur l'ensemble on obtient, par 100 juments saillies, de 45 à 50 naissances.

Le moyen le plus facile et le plus sûr de reconnaître la gestation est le mouvement du poulain ; mais il ne se laisse guère apercevoir qu'après le cinquième ou le sixième mois. Le moment le plus favorable est immédiatement après que l'animal a bu : soit que le froid du liquide ou la distension qu'il occasionne près de la matrice fasse éprouver au fœtus une impression pénible, celui-ci s'agite. Si l'œil ne peut percevoir le mouvement, on cherche à le sentir en appuyant la main contre la partie inférieure du ventre, au-dessous du flanc droit.

Le régime de la jument, pendant la gestation, subit peu de modifications. Si elle ne travaille pas habituellement, on doit lui donner de l'exercice, car l'excès de repos prédispose à l'avortement ; on continue, dans le cas contraire, de la soumettre à son travail ordinaire, en évitant de la placer dans les brancards d'une voiture à deux roues, de l'exposer aux atteintes du timon, de lui faire exécuter des travaux qui la mettent en danger de glisser ou de faire des mouvents brusques et violents.

Enfin, on écartera, autant qu'il sera possible, toutes les causes d'avortement signalées dans la *Zootechnie générale*, causes auxquelles nous ajouterons la pâture sur les prés couverts de gelée blanche.

Dans les derniers temps de la gestation, le ventre s'élargit et baisse tout à coup, laissant le flanc se relever ; la croupe elle-même paraît s'affaisser ; les mamelles se gonflent ; la bête devient lourde et embarrassée dans ses mouvements. On veille alors avec plus de soin sur l'animal ; on peut, sans inconvénient, rendre sa nourriture plus substantielle. Lorsque le part est très-proche, ces caractères deviennent plus apparents : les mamelles laissent échapper des gouttes d'un lait gluant, les jambes de derrière s'engorgent, la jument s'inquiète, s'agite, et sa queue se dresse et s'agite fréquemment ; enfin, la vulve laisse écouler une humeur séreuse et rougeâtre.

Quand on aperçoit ces signes avant-coureurs, on conduit la jument dans une écurie séparée, où on la laisse en liberté, avec une litière abondante préparée d'avance. A défaut d'écurie, on l'isole par quelques claies ou planches, de manière à lui ménager un espace de 3 mètres sur 4. Cette espèce de boxe servira jusqu'au sevrage du poulain.

La jument pouline ordinairement debout, quelquefois couchée. Dans le premier cas, le poulain ne se fait pas de mal en tombant ; il est retenu en partie par les membranes dans lesquelles il est enveloppé et par le cordon ombilical. Il présente le bout du nez et les deux pieds de devant ; ceux-ci crèvent la membrane qui apparaît la première à l'orifice de la vulve et qui forme la poche ou *bouteille.* L'habitude qu'ont quelques personnes de crever cette bouteille et de tirer le poulain pour aider la jument, est plutôt nuisible qu'utile. Il en est de même des breuvages qu'on recommande pour faciliter l'accouchement et le rejet du délivre. Quelques lavements d'eau tiède peuvent, en faisant vider le rectum, faciliter l'accouchement. On ne doit pas retirer les excréments à la main. Le cordon ombilical se rompt ordinairement lors de la sortie du poulain et quand la jument pouline debout, ou qu'elle se relève si elle a pouliné couchée. Lorsque la rupture n'a pas lieu, la jument mâche ce cordon et le coupe. Si la mère était trop affaiblie pour le faire, on couperait le cordon à quelques centimètres du nombril et on le lierait à son extrémité. Pendant le travail de la mise-bas, il est utile de ne pas distraire ou inquiéter la jument par la présence d'un grand nombre de personnes. Après la délivrance, il suffira de bouchonner doucement la jument, de la couvrir et de lui donner quelques seaux d'eau blanche un peu tiède ; cette boisson se continue pendant quelques jours. On ne lui donnera à manger que deux ou trois heures après le part. Il est bien de ne remettre la jument au travail que sept à huit jours après.

Les principales causes qui peuvent rendre le part de la jument difficile sont :

1° L'état d'épuisement de la bête : on la ranime alors à l'aide d'un breuvage tonique, un peu de vin, par exemple ; un excès de pléthore et de vigueur : une saignée pourra lui être utile en ce cas ; 3° la mauvaise position du fœtus ; 4° son volume disproportionné avec l'ouverture du bassin ; 5° un défaut de conformation de la mère. Pour s'assurer de l'existence de ces obstacles à l'accouchement naturel, on introduit la main ointe d'huile après que les ongles ont été préalablement coupés. Toutefois, cette opération ne devra se faire que si la prolongation du travail de l'accouchement laisse supposer quelque obstacle. Elle doit être exécutée avec précaution, et si l'opérateur n'a pas l'habitude de ce genre d'exploration, il devra faire venir un vétérinaire : autrement, par l'introduction répétée de la main dans la vulve, par des tiraillements continus sur des organes dont il ne connaît pas la disposition, il ajouterait aux difficultés du part des dangers plus sérieux.

Le fœtus mal placé se présente quelquefois un pied ou les deux pieds en arrière sous le corps, tandis que la tête avance seule. L'artiste vétérinaire, dans ce cas, cherche à repousser la tête et à saisir les pieds pour les tirer en avant. Si la tête est repliée de manière à présenter la nuque ou un point du cou, si les pieds sont sur la tête au lieu d'être dessous, l'opérateur cherche à placer la tête dans sa position normale. Il peut arriver enfin que le poulain se présente par la croupe : on essaie alors de saisir les pieds de derrière, et on le sort ainsi. Le volume du poulain rend souvent encore le part très-difficile, lors même que le sujet se présente bien ; on doit alors employer une grande force pour tirer le fœtus. La vie du petit et de la mère court quelques dangers. On se sert dans ces divers cas, de même que dans l'évulsion d'un fœtus mort, de lanières, de *forceps* faits exprès, ou de cordons disposés avec des nœuds coulants, qu'on place adroitement à la mâchoire ou aux pieds du poulain, et à l'aide desquels on opère la sortie. Enfin, pour extraire un poulain mort, on a encore recours à un crochet introduit dans la bouche et dont la pointe s'enfonce dans le palais. C'est, du reste, au vétérinaire appelé dans ces cas difficiles à développer toutes les ressources de son art.

§ 6. — *Allaitement et sevrage.*

Le poulain, en venant au monde, est couvert d'un enduit visqueux que sa mère lui enlève en le léchant. Si elle ne le faisait pas, on l'y déterminerait en saupoudrant le jeune animal d'un peu de sel et de son. On passe les doigts dans la bouche du poulain ; on lui insuffle un peu d'air par les naseaux si la respiration ne paraît pas normale. On vérifie également si quelques-uns de ses orifices naturels sont parfaitement ouverts ; ensuite on l'aide à se mettre sur ses jambes et à trouver la mamelle de sa mère, qui se défend quelquefois, surtout lors de sa première mise-bas. On essaie par quelques caresses de la décider à se laisser téter.

Il est essentiel que le premier lait de la mère soit bu par le poulain, parce qu'il possède une vertu purgative nécessaire pour expulser le *meconium* qui remplit les intestins du jeune animal.

La mère et son petit doivent être tenus chaudement, à l'abri des courants d'air. Si la mère repoussait le poulain et le maltraitait, on emploierait tous les moyens pour le lui faire accepter. Si on n'y parvenait pas, on le placerait, séparé par une claie, près de celle-ci, afin qu'elle pût le voir, le sentir et s'y habituer. Cette antipathie se passe ordinairement. Dans le cas, cependant, où la jument ne pourrait nourrir son poulain, on habituerait celui-ci à boire du lait de jument, de chèvre ou de vache. On l'y amène en lui faisant d'abord sucer le doigt trempé et en partie plongé dans le lait ; on substitue ensuite le lait écrémé ou le lait de beurre, comme dans le Mecklembourg.

Au bout de trois ou quatre jours, le poulain se soutient sur ses jambes et suit sa mère ; on ne le laissera cependant pas sortir avant sept ou huit jours. Après ce délai, si la mère ne travaille pas, on lâche le poulain et la jument d'abord dans la cour de la boxe, plus tard dans le parc ou l'enclos. La première fois, on laisse le poulain peu de temps dehors, et on surveille ; après quelques jours, les sorties seront plus longues, et on laissera la mère et le jeune poulain seuls. Dans l'élevage mixte, on les abandonne ensemble aux pâturage, pendant le jour seulement ; ce pâturage devra toujours être sec et élevé. En principe, on ne doit pas, à l'écurie, attacher la jument, parce que le poulain pourrait se prendre dans la longe de sa mère. On doit donner la nourriture à l'écurie ou dans les cours, faire une litière épaisse et souvent renouvelée, laisser quelquefois cependant le poulain sur le pavé pour durcir la corne, tenir la mère déferrée si elle ne travaille pas. Si la jument travaille dans les champs, on pourra laisser le poulain suivre sa mère, qu'il tette de temps en temps ; il s'habitue ainsi mieux à l'homme. Après que celle-ci a fait un travail long et fatigant, on fait quelquefois couler le premier lait, qui pourrait être échauffé.

A deux mois, et même plus tôt, le poulain commence à manger ; on lui présente alors quelques aliments d'une mastication facile, un peu d'orge et d'avoine concassés et légèrement humectés. Plus tard, quand la nourriture lui devient nécessaire, sa mère mangeant plus vite que lui, on lui donne à manger à part, en l'absence de celle-ci, ou après l'avoir attachée.

Le *sevrage* du poulain a lieu à six mois, et même deux mois plus tôt, si la mère est fatiguée ou si elle porte de nouveau. On sépare le poulain de la jument ; on le laisse téter d'abord trois fois, puis deux, puis une ; enfin on le sèvre tout à fait ; on lui donne alors pour boisson de l'eau blanche, on diminue progressivement la nourriture de la jument. Si les mamelles s'engorgeaient, on ferait couler le lait, et on laverait le pis avec de l'eau de guimauve et de graine de lin.

§ 7. — *Deuxième âge, régime, castration, croissance.*

Après le *sevrage*, le poulain est mis sans être attaché dans une écurie ou une boxe; plusieurs peuvent être réunis, s'ils sont du même âge et de la même force, en les surveillant pour s'assurer qu'aucun d'eux n'est molesté ou privé par les autres de sa nourriture. Les mâles seront séparés des femelles à six mois, ou aussitôt qu'on s'apercevra que le poulain commence à sentir son sexe.

L'écurie ou la boxe sera garnie, dans tout son pourtour, de râteliers et de mangeoires ; la litière ne doit pas être trop abondante, mais assez fréquemment renouvelée. La nourriture varie nécessairement suivant les conditions d'élevage : pour les races communes, elle a lieu d'ordinaire à la pâture ou au fourrage vert en été; pour les races distinguées, elle se fait presque exclusivement à l'écurie ; le pâturage dans les parcs est considéré plutôt comme un exercice. Sans prétendre substituer partout la nourriture à l'écurie au pâturage, on doit faire remarquer cependant que, dans ce dernier système, le poulain gâte souvent plus d'herbe qu'il n'en consomme; que l'herbe d'un pâturage, fauchée et donnée à l'écurie, est plus profitable; qu'il est beaucoup plus difficile de régler et de diriger l'alimentation et le régime du poulain, de juger de son état et de son accroissement; que beaucoup de pâturages ne conviennent pas à l'élevage; que les pluies, les gelées blanches, la chaleur, le froid, entraînent, dans ce système, des inconvénients assez graves ; qu'en hiver, d'ailleurs, il faut toujours en revenir à la nourriture à l'écurie.

La nourriture du poulain consistera, en été, en herbe de prairie naturelle ou artificielle, avec un peu d'avoine et de paille; il recevra en hiver, outre ces deux derniers aliments, un peu de foin, auquel on ajoute des carottes. des panais ou des topinambours, et même des rutabagas et des pommes de terre ; mais la carotte est de beaucoup préférable. On donne trois repas, qui ont lieu, suivant la saison, le matin à quatre ou cinq heures, à onze heures ou midi, et le soir de cinq heures à huit heures.

Voici le régime indiqué par M. de Mornay pour le poulain distingué; on peut le modifier pour d'autres races : en hiver, le matin, carottes coupées mêlées d'avoine ou féveroles broyées et paille hachée ; ce mélange est nommé par les Anglais *mash*. Quand le poulain a mangé le quart de sa ration, on le fait boire. A midi, mélange humecté de foin et de paille hachée, puis un peu d'eau blanche. Le repas du soir comme celui du matin. Quand le poulain ne sort pas, on jette dans le râtelier une botte de paille, dont le reste servira à faire sa litière. En été, on donne, à chaque repas, d'abord un peu d'avoine ou de féveroles broyées, mêlées de paille hachée, puis herbe de pré, trèfle, luzerne, etc., mêlés d'un tiers de grande paille. Les repas peuvent être donnés dans les enclos; les animaux auront toujours quelques auges ou réservoirs remplis d'eau à leur disposition.

Les poulains sont lâchés dans les parcs ou enclos aussi longtemps que possible.

Les habitudes commerciales et les transmigrations du poulain dans des contrées différentes s'opposent souvent à cette régularité dans le régime. Quelquefois, le poulain est engraissé à un an pour être vendu, puis engraissé de nouveau à deux ans pour une vente nouvelle; enfin, vers cinq ans, un dernier engraissement le prépare à passer entre les mains des maîtres de poste ou du roulage. Ces engraissements se font dans des écuries étroites et sombres, à l'aide d'aliments délayants et nourrissants à la fois. Ce régime excessif, ces passages brusques d'une alimentation à une autre, agissent d'une manière fâcheuse sur le tempérament des jeunes animaux; à chaque changement de localité, ils ont en outre à subir une acclimatation que rend plus difficile le travail souvent trop pénible auquel on les soumet. Les éleveurs de seconde ou de troisième main ont donc, lorsque le jeune animal passe dans leurs écuries, à prendre quelques précautions d'hygiène. Si le poulain a toujours vécu dans l'herbage, on ne le mettra que graduellement à l'avoine, aux féveroles, à l'hivernage; un peu de rafraîchissement et de repos devra suivre son arrivée, si surtout il a été acheté à une foire éloignée.

La *castration* et les *gourmes* marquent encore une période critique dans l'élevage. Nous avons déjà indiqué les avantages et les inconvénients de la castration; nous ajouterons qu'elle a l'avantage de rendre impropre à la reproduction un grand nombre d'individus qui ne pourraient qu'entraver l'amélioration de l'espèce. L'application du cheval hongre au service de l'armée permet d'ailleurs d'étendre la remonte aux juments, qui forment une portion importante dans nos ressources chevalines. Mais pour que la castration produise les effets qu'on en attend, il faut que l'animal soit castré dans les deux premières années; plus tard, l'opération, outre qu'elle a quelques dangers, n'agit plus de même sur le caractère et les prédispositions de l'animal, et laisse ses formes plus décousues.

Suivant M. Bouley, il n'existe pas de procédé de castration qu'il faille préconiser à l'exclusion de tous autres. La méthode de castration dite par *casseaux* est celle qui est le plus généralement adoptée; le procédé par *torsion bornée* semble devoir donner d'excellents résultats; enfin, le procédé par ligature immédiate du cordon sera peut-être celui qu'il faudra préférer à tous les autres pour la castration du poulain à la mamelle. La castration par cautérisation est encore beaucoup employée dans l'Ouest.

Les jeunes chevaux sont sujets à une maladie inflammatoire de la muqueuse des naseaux et de l'arrière-bouche, avec engorgement des glandes de la ganache, connues sous le nom de *gourmes*.

Le développement du jeune cheval va en progressant jusqu'à

l'âge adulte. Il n'est pas cependant uniforme à tous les âges, soit dans l'ensemble, soit dans les différentes parties du corps. La taille du poulain, qui devra atteindre 1m54 à l'âge de 5 ans, est à la naissance de 85 à 90 centimètres. Elle s'accroît environ de 39 centimètres à la première année, de 13 à la seconde, de 7 à 8 à la troisième, de 3 à 4 à la quatrième, de 1 à 2 à la cinquième : il aurait donc à un an 1m27, à deux ans 1m40, à trois ans 1m48, à quatre ans 1m52, à cinq ans 1m54.

Le *poids* progresse dans des proportions un peu différentes. Un cheval qui à quatre ans devra peser 500 kilog. pèsera, en venant au monde, 50 kilog.; au sevrage, vers trois à quatre mois, 150 kil. ; à six mois 180 kilogr., à un an 210 kilog., à deux ans 400 kilog., à trois ans 480 kilog., et à quatre ans 500 kilog. L'accroissement de la taille est donc beaucoup plus rapide que celui du poids dans la première année ; mais il tend à s'équilibrer dans la deuxième, où l'animal prend du corps. C'est ce qui résulte d'une manière encore plus palpable de la comparaison des deux croissances en poids et en volume, réduites en centièmes du poids ou de la taille totale de l'animal adulte : à la naissance, taille 0,55, poids 0,10 ; à un an, taille 0,80, poids 0, 42 ; à deux ans, taille 0,88, poids 0,84 ; à trois ans, taille 0,86, poids 0,96.

On comprend que des causes nombreuses, parmi lesquelles le régime occupe la première place, peuvent modifier le développement du poulain.

§ 8. — *Dressage.*

Le dressage a pour but de former le poulain au travail auquel il est destiné. Ce travail est le trait ordinaire, comprenant la charrette, le chariot, la charrue ; le trait de luxe et de vitesse ; et enfin la selle ou le *montoire.* Nous pourrions y ajouter encore le dressage pour la course dans les hippodromes, dressage particulier réservé à un très-petit nombre d'animaux, et qui prend le nom d'*entraînement.*

Ce n'est que vers quatre ans que commence le dressage du cheval d'attelage ou de selle. Le dressage au trait ordinaire, pour les races communes surtout, commence dès l'âge de deux ans. C'est celui auquel l'éleveur est appelé à prendre la plus grande part.

Il y a deux périodes dans le dressage du poulain : la première, dans laquelle on doit se borner, en quelque sorte, à l'apprivoiser et à l'habituer à l'homme et aux objets extérieurs. C'est dans cette période qu'on l'astreint à porter accidentellement un licol, à rester attaché quelques instants, qu'on lui passe quelquefois le doigt dans la bouche, qu'on le flatte sur le front et les yeux, qu'on lui frappe le sabot, qu'on essaie de lui lever le pied, qu'on le frotte avec un bouchon de paille, avec une étrille usée. On l'aura également accoutumé, pendant cette période, à ne pas s'effrayer du bruit et des objets nouveaux : quelques feux allumés dans son enclos, un drapeau de couleur qu'on agite, des coups de feu, sont des moyens qu'on peut employer dans ce but. Ce sera, d'ailleurs, en le faisant suivre quelquefois par sa mère sur des routes fréquentées, que son oreille et sa vue se familiariseront avec des bruits et des objets qui l'effraieraient si on le laissait toujours dans son isolement. Il faut, pour faire l'éducation du jeune animal, du calme et de la douceur, mais de la sévérité à propos, sans brusquerie, sans colère; On laissera aux charretiers ignorants ces éclats de voix, ces claquements de fouet qui effraient, irritent l'animal, et émoussent cette sensibilité exquise de l'ouïe que la nature lui a donnée. On évitera de jouer avec le poulain, de l'exciter, de se laisser mordre. On emploiera surtout la puissance du regard, dont l'influence est si grande sur l'animal : quand on lui parlera, on le regardera bien en face, dans les yeux, en donnant au regard la douceur, l'énergie ou la sévérité qu'exigeront les circonstances. Sans prétendre à un dressage complet à la longe et au caveçon, il sera utile, cependant, pour l'éleveur, de posséder ce dernier appareil de contrainte, utile d'ailleurs dans beaucoup de circonstances.

L'emploi du bridon suppose, du reste, qu'on a déjà habitué le poulain à recevoir le mors. Ce sera, en effet, une des premières opérations du dressage; la simple bride de la charrue avec canon en bois sera d'abord appliquée. Dans le dressage du cheval fin, on emploie un *surfaix d'entraînement* : ce n'est autre chose qu'un surfaix ordinaire, espèce de large sangle, dont on ceint le corps de l'animal pour assujettir la couverture ou la selle même. Le surfaix d'entraînement porte sur chaque côté une boucle, à laquelle on fixe l'extrémité d'une rêne, qu'on tend successivement jusqu'à donner un peu d'appui à la bouche sur le mors.

L'emploi de la bride sera déjà une préparation à l'application du harnais de trait. On débutera d'abord, soit par la bricole, qui effraiera moins le jeune animal, soit par le simple harnais de charrue, collier, couverture, traits, etc. On présentera le harnais à l'animal, on le flattera en le lui posant sur le dos, on évitera de le surprendre. Quand on aura plusieurs fois, à divers intervalles, mis et ôté le harnais, on procédera au tirage. On prolongera les traits au moyen de longes ou cordes, qu'on fera tenir par un homme, puis par deux ou trois, suivant que l'animal mettra plus d'énergie à tirer; on pourra, au bout de quelques jours, l'atteler à un traîneau ou à tout autre corps un peu lourd qui puisse glisser ou rouler sur le sol.

Enfin, on attellera le poulain au chariot ou à la voiture, mais on ne l'y mettra pas seul. Si c'est à la voiture, on le mettra en cheville entre deux chevaux habitués au trait; au chariot, on l'accouplera à un autre cheval bien dressé, fort, calme et intelligent, qui fera les fonctions de *maître d'école* et dressera son camarade à aller à toutes mains sans défense et sans hésitation, lui fera comprendre ce que le conducteur exige, soit par le commandement, soit par l'action des guides.

C'est évidemment là le dressage principal pour le cheval de trait. Cependant, avec un éleveur soigneux, il pourra s'étendre plus loin. On apprendra au jeune poulain à marcher au pas allongé, à trotter à reculer, etc.; on redressera ses habitudes vicieuses. L'*allongement* du pas est surtout important, soit que l'animal reste affecté au trait, soit qu'on le destine plus tard à la remonte. On obtient ce résultat par des promenades à la longe, et, dans le travail ordinaire même, en attelant le poulain avec un cheval qui ait un grand pas, et non, comme on le fait quelquefois, avec un cheval lent ou un bœuf. On ne le soumettra pas à un tirage trop fort en montant. Ce sera un avantage pour l'éleveur de posséder parmi ses gens un homme qui sache trotter un cheval et possède même quelques principes d'équitation, ce qui se rencontre souvent du reste, dans des domestiques qui ont fait quelques années de service militaire. Pour trotter un cheval, le palefrenier saisit à leur extrémité les rênes du bridon de la main gauche, et de la droite prend à pleine main les mêmes rênes à trente centimètres de la bouche de son cheval, afin de laisser, autant que possible, de la liberté à la tête, qui ne devra recevoir, pendant le trot, aucune inclination; il devra courir assez vite pour que le cheval puisse se mouvoir sans contrainte et cependant être retenu à propos s'il essaie de prendre le galop ou de bondir. On habituera également le jeune cheval à rester calme et à prendre l'attitude de la station régulière pour qu'on l'examine.

Sans entrer dans tous les détails de l'assouplissement de l'encolure, que M. Baucher donne en quelque sorte pour base à son nouveau système de dressage, on fera bien cependant d'essayer de diminuer la roideur de certaines encolures; ce travail pourra se faire partout, à l'écurie même. Pour l'*assouplissement vertical*, on se place en face du poulain, et, saisissant le bridon à droite et à gauche, on élève la tête et l'encolure du jeune cheval aussi haut que les bras peuvent s'étendre, puis on replace la tête à l'état régulier perpendiculaire au sol, l'encolure suffisamment élevée. Quand ces mouvements auront été suffisamment répétés, on exercera l'encolure à s'abaisser : à cet effet, on se placera près de l'épaule gauche du cheval, on croisera les rênes du bridon sous la barbe, de façon que la rêne gauche soit dans la main droite et la rêne droite dans la main gauche; les mains ainsi placées exercent graduellement une traction en sens inverse, dont le résultat sera de faire abaisser la tête autant qu'on voudra l'exiger. On fera exécuter plus tard ce mouvement au cheval par l'action ordinaire de la bride.

L'*assouplissement latéral*, soit à droite, soit à gauche, peut se faire de la manière suivante, indiquée par M. de Montigny : « Après avoir relevé les rênes du bridon sur l'encolure, on se placera à l'épaule gauche du cheval, et, saisissant la rêne droite sur le cou du cheval avec la main droite, on prendra de la main gauche la rêne gauche à un décimètre environ de l'anneau du bridon; alors on tirera progressivement sur la rêne droite, de manière à amener peu à peu et sans saccade la tête du cheval dans la direction de l'épaule droite. On pourra, si l'encolure est trop roide, se contenter les premières fois d'un pli incomplet, mais qui, répété chaque jour pendant quelques minutes, finira par amener, sans effort, le nez du cheval jusqu'à l'épaule. » Si on exerce le cheval monté, on pourra exécuter ces assouplissements à l'aide du bridon ou de la bride.

Le *dressage à l'attelage* des chevaux de luxe n'exigera que peu d'efforts quand un premier dressage élémentaire aura été subi par le poulain.

Le dressage du cheval de course ou l'*entraînement* sort de notre cadre. L'entraînement a surtout pour but de débarrasser le cheval de tout l'excès de graisse qui peut gêner la circulation du sang et la contraction musculaire, de donner aux chairs et aux tendons la fermeté et en même temps la souplesse convenables pour produire les plus grands efforts de vitesse. Une alimentation particulière, dans laquelle entrent principalement l'avoine, un peu de féveroles, du foin, des *mash;* un ordre particulier dans les exercices journaliers des courses, l'animal étant couvert de vêtements plus ou moins épais et chauds destinés à déterminer chez lui des sueurs et transpirations très-abondantes; enfin, des médecines purgatives, tels sont les principaux procédés employés par les entraîneurs. Ce régime excitant agit autant sur la constitution morale que physique du cheval, en portant jusqu'à ses dernières limites l'excitabilité sous ce double rapport.

§ 9. — *Prix de revient de l'élevage.*

Le prix de revient de production du cheval varie beaucoup suivant l'espèce et le type de l'animal, le mode de l'élevage, les conditions particulières de la localité où l'opération s'est effectuée.

On peut supposer deux systèmes : l'un, adopté pour les chevaux de trait plus ou moins communs, c'est *l'élevage avec le travail continu de la mère et emploi précoce du poulain*; le second, réservé pour les espèces distinguées d'attelage, de selle ou de course, dans lequel la mère ne travaille pas, et le poulain n'est utilisé qu'à quatre ans au plus tôt. On établit les prix de revient comme suit :

PREMIER SYSTÈME.

Depuis la naissance du poulain jusqu'à l'âge d'un an, les intérêts et l'amortissement du capital de la jument sont payés par le travail.

Il reste donc :

Saillie	5
Surcroît de nourriture et chômage, frais généraux	30
Nourriture du poulain, depuis le sevrage jusqu'à un an	60
De 1 à 2 ans : nourriture, poids moyen, 300 k. à 2 k. 50 pour 100 k., ou l'équivalent en pâture, grains, etc., 3,000 k. à 0 fr. 04 (paille et frais généraux, compensés par le fumier)	120
De 2 à 3 ans : nourriture, 4,000 k. foin, 160 f., compensés par le travail	0
	215

A cet âge, le poulain est vendu pour être soumis à un travail modéré, 200 à 300 francs. Le premier éleveur a vendu son fourrage 4 francs les 100 kilog., et fait un léger bénéfice sur le prix ; il est vrai qu'il doit supporter quelques dépenses d'engraissement. De trois à quatre et de quatre à cinq ans, le cheval paie au delà de sa nourriture par son travail. Il est revendu, de quatre à cinq ans, de 500 à 800 francs ; il est vrai de dire cependant qu'il est des risques de mortalité qui diminuent le profit de l'éleveur.

Ce calcul s'applique au bon cheval de trait ou même de remonte. Cependant, quelques pays de pâture et de landes font sans travail des chevaux plus petits et plus communs, qu'ils livrent au commerce, à l'âge de trois ou quatre ans, au prix de 200 à 300 francs.

DEUXIÈME SYSTÈME.

Élevage sans travail. — Les éléments du calcul varient suivant la distinction et taille de l'animal. Prenons une race moyenne de 1m52, ayant plus ou moins de sang ou de distinction :

Première année : intérêts et amortissement du capital de la jument, 10 p. 0/0 sur 800	80
Saillie	10
Frais généraux, bâtiments, vétérinaire, au plus bas	50
Nourriture de la jument (supposée porter tous les ans)	200
A reporter	340

Report...........	340
Poulain, de la naissance à un an (foin, avoine, paille, racines).	100
Deuxième année : nourriture, ration moyenne, etc., en pâture, 7 mois, 50 fr.; 5 mois à l'écurie; ration, 2 k. avoine, 3 k. foin, racines, paille..................................	120
Troisième année, 160 fr. — *Quatrième année*, 220 fr. — Total.	380
Le fumier compense à peine les frais généraux.	
	940

Le prix de revient serait de 940 francs.

Pour le cheval de course ou le pur sang, les dépenses s'augmentent dans une très-grande proportion, par l'amortissement et l'intérêt de la jument, par les frais généraux, par l'entraînement, qui peuvent atteindre 1,000 ou 2,000 francs. D'après les calculs de M. le comte d'Aure, le jour où le jeune poulain entre dans l'hippodrome, il représente à celui qui l'a élevé au meilleur marché possible un capital de 3,000 francs.

CHAPITRE IV. — ENTRETIEN DU CHEVAL.

Nous comprendrons sous le nom d'entretien l'*habitation*, la *nourriture* et le *régime*.

§ 1. — *Habitation.*

Le cheval est entretenu, soit à l'herbage, soit à l'écurie. En France, le séjour permanent à l'herbage, à l'exception, toutefois, des plus mauvais temps de l'hiver, n'a guère lieu que dans l'élevage *herbager* dont nous avons parlé ; quant au cheval de travail, il passe à peu près exclusivement à l'écurie le temps où il reste inoccupé.

L'écurie du cheval adulte doit réunir toutes les conditions de salubrité nécessaires à l'accomplissmeent régulier de toutes les fonctions de l'animal. Elle sera établie sur un sol sec non compressible, drainé s'il est humide, non dominé, ni enterré, ni attenant à une mare ; elle aura ses ouvertures au sud-est et à l'est, ou plutôt à la fois des deux côtés, et sera suffisamment rapprochée de l'habitation et de la surveillance du cultivateur. Le cube d'air indiqué par la science comme nécessaire à un cheval, est de 20 à 30 mètres cubes ; il doit évidemment varier suivant la taille de l'animal, la saison, la ventilation de l'écurie, etc. Il sera bon, toutefois, de ne pas rester au-dessous de 20 mètres ; le plancher haut sera élevé de 3 à 4 mètres.

Trop haute, l'écurie est froide en hiver. Dans le Midi, les écuries sont voûtées ; si elles sont, en outre, basses et enfoncées, sans ventilation, la température y reste trop différente de celle de l'air extérieur, et les animaux sont, en entrant ou en sortant, exposés à des transitions brusques. On fait dans le nord des voûtes plates en briques, qui remplacent très-avantageusement les solives ; en tout cas, il doit exister sur l'écurie un plancher plein, à solives apparentes ou plafonné.

Le plancher bas peut être en macadam ou en béton, pavé de grès, de bois ou en briques ; le pavé est dur et devient quelquefois inégal et glissant ; ses interstices doivent être jointoyés. Ce dernier inconvénient est également reproché au bois. La brique bien cuite est généralement préférable. La craie battue en aire est peu solide, mais peut se réparer facilement. Le bitume est glissant et se dégrade assez rapidement ; le béton est préférable.

La pente en travers dans la longueur du cheval sera de $0^m,03$ par mètre ; celle en long sera de $0^m,01$, pour favoriser l'écoulement des urines, dont l'excédant sortira par une rigole peu sensible. Pour arriver aux 20 à 25 mètres cubes consacrés à chaque cheval, l'espace superficiel doit être de 6 à 7 mètres ; ce qu'on obtient en laissant une largeur de $1^m,60$ à $1^m,75$, et une longueur de 3 mètres, plus un passage de $1^m,50$ derrière.

Les écuries sont simples, à un seul rang de chevaux, ce sont les plus ordinaires ; ou doubles, à deux rangs. Dans l'écurie double, les chevaux sont des deux côtés, la tête au mur, ou la croupe vers le mur et la tête vers un couloir pratiqué au milieu de la longueur. Le premier mode d'écuries doubles est le plus généralement adopté. L'écurie du deuxième genre se retrouve dans l'est. Ordinairement, le bas de la grange est divisé en trois parties : le milieu est l'aire, les écuries et étables sont dans les côtés ; on peut donner à manger de la grange par des ouvertures. Dans le midi, j'ai vu cette disposition adoptée pour des écuries simples, pour empêcher la chaleur et les mouches de pénétrer dans l'écurie ; l'affourragement se fait avec plus de facilité, les fourrages sont mieux rangés et hors de la portée des chevaux. On peut objecter que ces écuries sont d'une installation et d'un entretien plus coûteux, et que le charretier est moins souvent appelé à visiter les animaux.

La figure 101 représente le croquis d'une écurie de huit chevaux, double avec couloir *a* au milieu, par lequel on affourrage les chevaux au travers d'ouvertures *bb*, fig. 103, qu'on ferme à volonté par des volets à coulisses ; *o* est le lieu où couchent les gens, *c* la sellerie, *d* la chambre à l'avoine, *ee* encoignures dans lesquelles se placent les harnais. La figure 103 est l'élévation de l'écurie coupée par la moitié.

La porte de l'écurie aura au moins $1^m,75$ de large ; les fenêtres oblongues, de 1m,50 sur 0m,80 à 1 mètre, affleureront le plafond, fermées par des châssis à bascule, qu'on ouvre à l'aide d'une corde ou par des persiennes ; elles ne seront pas en face de la tête du cheval.

L'auge, dont le bord sera à 1 mètre environ du sol, en saillie de 0m,32, en bois, ou mieux en briques mastiquées, en pierre, et même en fonte, aura une légère pente. On a quelquefois deux auges par chaque cheval, l'une pour l'eau, l'autre pour la nourriture.

Le râtelier, dont le bord inférieur sera à 1m,40 du sol, est en bois ou en fer ; les roulons des râteliers de bois seront espacés entre eux de 0m,07 à 0m,08. Dans quelques râteliers soignés, les roulons tournent dans leurs trous, ce qui facilite la sortie du fourrage. On les fait généralement inclinés, sous un angle de 30 à 45° ; il est préférable que l'angle soit nul ou moins ouvert, pour éviter que la poussière du foin ne tombe sur la tête des animaux ; mais le fourrage est moins facile à saisir. Les râteliers en fer, ayant la forme de corbeilles, sont commodes, mais laissent perdre du fourrage.

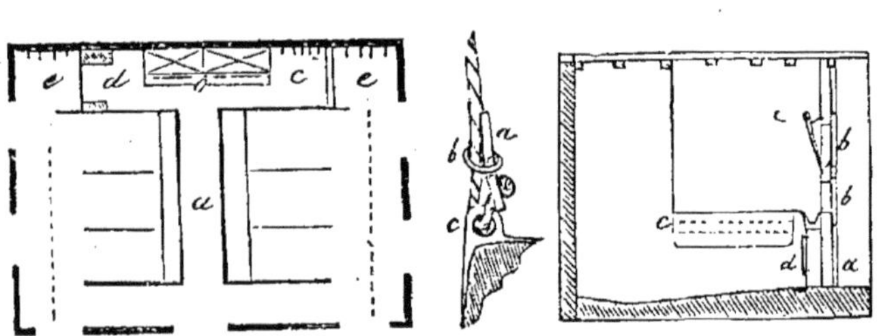

Fig. 101. — Plan d'une écurie pour 8 chevaux.

Fig. 102. — Attache de la barre au plafond.

Fig. 103. — Élévation d'une écurie pour 8 chevaux.

Le cheval est attaché à la longe, soit au râtelier, quand il ne doit pas se coucher, soit à l'auge. Dans ce cas, un billot suspendu au bout de la longe prévient les prises de longe ; une chaîne glissant dans un triangle *d*, fig. 103, de 0m,50, scellée dans le mur par ses deux extrémités recourbées, sans toutefois que l'extrémité inférieure descende à plus de 0m,30 du sol, est préférable.

Les chevaux sont ordinairement isolés, soit un à un, soit par attelage, tantôt à l'aide de séparations à demeure, formant des *stalles*, tantôt par des barres ou des madriers mobiles. Le premier moyen est le plus dispendieux, et exige plus de place pour la sortie du cheval ; l'animal peut d'ailleurs se prendre les pieds dans la partie inférieure quand elle est usée. Les *barres c*, fig. 103, fixées d'un bout à l'angle ou plus haut, sont suspendues de l'autre par une corde, dont l'autre bout se fixe au plafond, ou bien à un poteau planté dans le sol, à $2^m,30$ de la mangeoire ; la corde, fixée au plafond, s'attache à la barre au moyen d'une attache ou sauterelle, fig. 102, très-facile à défaire. Le bout de la corde est terminé par un petit rouleau de bois *a*, qui se passe dans l'anneau de la barre *c*, et se replie sur la corde, où il est fixé par un autre anneau *b* coulant le long de celle-ci.

Comme accessoires de l'écurie, on ajoute un réduit pour le lit des hommes d'écurie, un autre servant de sellerie. Les harnais sont ordinairement attachés dans l'écurie. Il est plus convenable de les placer en dehors, sous un auvent, à la porte de l'écurie ; ils sèchent mieux. On aura une place spéciale pour le foin et la paille et pour le coffre à l'avoine, qui pourra recevoir, par un conduit, le grain du grenier même.

L'écurie doit être tenue très-propre, *curée* et aérée tous les jours ; cependant, il résulterait d'expériences récentes que le fumier peut rester un certain nombre de jours sous les animaux sans inconvénient pour leur santé (V. *Sol et engrais*, 2e éd., p. 152).

L'écurie sera blanchie à la chaux au moins tous les ans. Si elle avait été infectée par la présence d'animaux atteints d'une maladie contagieuse, il faudrait procéder à la désinfection de la manière suivante : on enlève $0^m,30$ du sol qu'on remplace, on rabote les mangeoires, puis on les lave dans toutes leurs parties, ainsi que les murs, le plancher haut, les harnais et objets à l'usage de l'écurie, avec de l'eau dans laquelle on a fait dissoudre du chlorure de soude ou de chaux ; 750 grammes, qu'on délaye dans 100 litres d'eau, suffisent pour une écurie de 15 mètres sur 5 à 6.

§ 2. — *Alimentation.*

Les principes généraux qui régissent l'alimentation des animaux trouvent ici leur application.

Nature des aliments. — Il est cependant, en raison du tempérament, de la race, de la destination du cheval, quelques principes spéciaux à son régime. Les aliments trop aqueux, trop délayés, tels que les racines, les résidus humides, les herbes tendres, conviennent peu au cheval en général. La jument, le cheval dans l'herbage, auquel on ne demande que de nourrir un poulain ou de croître, peuvent vivre exclusivement d'herbe ; mais le cheval de travail, le cheval vite surtout, ne peuvent être soumis à ce régime. Il faut à ce dernier des aliments secs, où la substance soit assez concentrée pour ne pas charger l'estomac ni distendre les viscères outre mesure, mais fournir rapidement des éléments à la combustion pulmonaire et à la nutrition.

Sous le nom de *vert*, l'herbe fraîche est cependant donnée avec avantage dans le printemps au cheval habituellement nourri au sec. On donne le vert en liberté ou à la prairie. Le premier procédé est plus économique, s'allie mieux avec la surveillance, conserve le fumier de l'animal. Il permet d'administrer toute espèce de fourrage vert : le seigle, l'escourgeon, le trèfle incarnat, la vesce, etc. ; de ménager la transition du sec au vert en le donnant quelquefois haché et mêlé à un peu de foin sec. Le vert produit un effet hygiénique et purgatif sur le cheval. Il est utile aux chevaux échauffés dont les organes gastriques ont souffert par une alimentation vicieuse ou trop irritante. Il refait surtout les jeunes chevaux, répare leurs forces digestives. Donné en liberté, il rétablit les membres fatigués, malades, dissipe les engorgements. Cependant, il est peu salutaire pour certains chevaux, vieux, un peu débiles, pour ceux attaqués de maladies chroniques de la poitrine, de la morve, du farcin, etc.

Les fourrages secs, l'avoine, l'orge, les pailles, conviennent plus particulièrement au cheval ; la carotte est la seule racine qui paraisse lui conserver sa vigueur. Cependant, on a exagéré son pouvoir nutritif. Le *panais* se rapproche de la carotte et pousse plus à la graisse. Le *topinambour* peut être mis sur la même ligne. La pomme de terre cuite au four engraisse, mais donne peu de vigueur. Les navets, les rutabagas, les choux ne conviennent pas au cheval. Les tourteaux d'œillette et de lin entrent quelquefois dans la ration du cheval du nord ; le son de froment est surtout donné comme rafraîchissant. Il convient dans les chaleurs : on le donne alors *frisé*, c'est-à-dire humecté d'eau ; le son fin ou les *recoupes* et la farine d'orge se mêlent en petite proportion à l'eau dans le même but.

On donne le blé dans le *Vimeux* pour accroître l'embonpoint et la vigueur des jeunes chevaux ; mais, outre que ce grain doit être réservé à l'homme, c'est pour le cheval un aliment trop nourrissant, qui pousse à la fourbure. Le seigle s'emploie trempé, moulu ou cuit. L'orge, dont les chevaux font aussi grand usage dans le midi de l'Europe et en Afrique, rend chez nous les chevaux fourbus, à moins qu'on ne la donne en petite dose ou cuite.

L'avoine est le grain par excellence du cheval. On devra choisir l'avoine lourde, luisante, coulante, ayant un bon goût. On se défiera de celle dont la pointe est rebroussée, elle a été jetée au mur ; de celle qui sent le moisi, elle a été mouillée ; de celle qui laisse apercevoir quelques filaments indiquant qu'elle a germé, etc.

En donnant des grains nourrissants, on doit y ajouter une quantité suffisante de paille pour lester l'estomac et fournir du carbone. L'avoine sera concassée pour les vieux chevaux ; cependant beaucoup s'en dégoûtent. La féverole est excellente pour le cheval ; elle doit être trempée ou concassée. Nous avons parlé des *mash*, mélanges de farineux. Voici une de ces préparations : on met deux litres d'avoine dans un demi-seau d'eau bouillante; sur cette avoine, on jette un litre de son sans le mêler à l'avoine, puis un litre de farine d'orge ; le calorique est ainsi concentré sur l'avoine; on peut encore laisser le tout digérer pendant deux à trois heures en mettant une couverture sur le seau, puis on mêle en ajoutant quelquefois une pincée de sel de nitre ou de fenu-grec.

La **ration** du cheval est subordonnée à sa taille, ou plutôt à son poids, à son âge, à son tempérament; elle est également modifiée par la saison, le climat, le genre de service auquel on l'applique. En général, elle varie de 2,5 à 5 p. 100 en foin normal du poids vif, à condition toutefois qu'il existera une proportion convenable entre le grain et le fourrage ou la paille. De nombreuses expériences ont été faites sur divers rationnements des chevaux de cavalerie, en faisant entrer dans la ration, soit le foin, l'avoine ou la paille seuls, soit ces aliments en proportions diverses; les animaux étaient pesés avant d'être mis à l'un ou l'autre de ces régimes, puis pesés de nouveau à la fin de l'expérience. Les différences constatées n'ont pas été, en général, très-considérables; les rations uniques, avec lesquelles les animaux se sont le moins bien entretenus, sont l'avoine seule à la dose de 6 kil., le foin à celle de 12 kil. succédant à un régime varié. Cependant, cette alimentation avec une seule substance s'est montrée avantageuse, quand on l'a fait succéder à un autre aliment unique. Ainsi, le régime à la paille succédant au régime à l'avoine a été avantageux; il en a été de même de l'alimentation à l'avoine succédant au régime au foin seul. Le foin, au contraire, remplaçant la paille, n'a pas donné d'excédant du poids marqué. En somme, pendant cinquante jours, le régime à un aliment unique a eu pour résultat une diminution de poids de 4 à 5 pour 100. Deux aliments dans la ration, avoine et paille ou avoine et foin, ont donné des résultats variés. Le régime au foin et à la paille hachée, ainsi qu'à l'avoine concassée, a occasionné une diminution de poids (par défaut d'habitude sans doute). Le seigle, l'orge, le son, substitués au même poids d'avoine, ont été plus nourrissants que ce dernier grain.

Après de nombreuses variations, les rations du cheval ont été fixées de la manière suivante :

	EN GARNISON,			EN ROUTE,	
	foin,	paille,	avoine.	foin,	avoine.
Carabiniers	5 k.	5 k.	4 k. 20	5 k. 50	5 k. 60
Gendarmes, Train......	5	5	3 80	5 50	5 20
Cavalerie de ligne.....	4	5	3 40	4 50	4 80
Cavalerie légère.......	4	5	3 »	4 50	4 80

Dans les haras, on donne aux étalons de trait : foin 7 kil., paille

6 kil., avoine 5 kil. ; carrossiers, foin 4 kil., paille 5 kil., avoine 5k,50 ; chevaux pur sang, foin 3 kil., paille 6 kil., avoine 5k,5.

A la ferme de Grignon, les chevaux de travail, dont le poids moyen est de 470 kil., reçoivent : avoine 6 à 7 kil., foin 7 kil., paille 5 kil. En hiver, de décembre à la fin de mars, on donne 5 à 6 kil. d'avoine, 7 kil. de foin, 8 de paille, et 10 kil. de carottes.

L'ordre des repas se règle quelquefois suivant le travail ; mais, en général, la ration se distribue en trois fois : le matin, à midi et le soir. L'avoine est parfois donnée après la boisson. Quelques palefreniers donnent l'avoine d'abord. Par le premier procédé, on calme, dit-on, la soif, qui empêcherait le cheval de manger, et on évite que l'eau ne vienne noyer et gonfler l'avoine dans l'estomac. D'autres abreuvent à plusieurs reprises, ce qui est, du reste, toujours rationnel. On laisse deux heures pour chaque repas ; la paille est plus particulièrement donnée le soir. On abreuve ordinairement le cheval trois fois par jour. Si on mène les chevaux à l'abreuvoir, on évitera de les faire courir en revenant. Il faut généralement attendre quelque temps pour présenter la nourriture à un cheval fatigué : on doit d'abord le délasser par quelques frictions.

§ 3. — *Pansage.*

On nomme pansage les soins de propreté et d'hygiène qu'on donne extérieurement au cheval pour nettoyer les différentes parties du corps et stimuler les fonctions de la peau. Les ustensiles de pansage sont : la brosse, l'étrille, le passe-partout, l'éponge, le bouchon de foin, le cure-pied, l'époussetoir, le torchon et une pièce de laine ou grosse flanelle. L'étrille n'est pas employée directement dans le pansage des chevaux de race, leur peau n'en supporterait pas la rudesse ; elle sert seulement à nettoyer la brosse. On l'emploie, au contraire, presque exclusivement, pour les chevaux communs. Voici comment on procède au pansage de ces derniers :

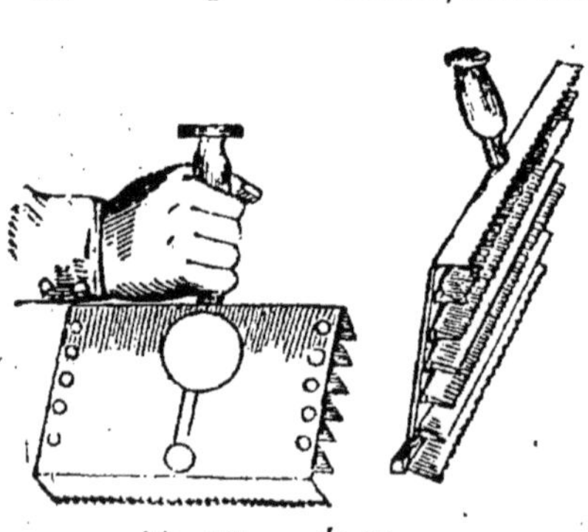

Fig. 104. — Étrille.

Le cheval étant à l'écurie, ou mieux encore dehors si le temps le permet, le palefrenier, sa main droite armée de l'étrille, fig. 104, se place du côté droit de l'animal un peu en arrière, saisit la queue de la main gauche et promène largement l'étrille à poil, à contre-poil, sur la fesse, la croupe, puis sur les côtes et le ventre ; il manœuvre ainsi successivement de chaque côté sur toutes les régions du corps, à l'exception de la tête, de l'épine dorsale et de l'intérieur des cuisses. De temps en temps, il débarrasse l'étrille de la poussière et de la crasse accumulées entre ses lames, en la frappant sur le pavé par un de ses angles armé dans ce but d'une petite saillie, le *marteau*. Les lames dentelées se nomment *rangs ;* celle du milieu, à bord uni, pour lisser le poil, est le *couteau*.

Il prend ensuite la *brosse*, fig. 106, et la promène sur toute la surface du corps, tenant de l'autre main l'étrille, sur laquelle il nettoie sa brosse de temps en temps. Le travail de la brosse terminé, le palefrenier lisse le poil avec un *bouchon de foin* légèrement humide, et complète le pansage par quelques coups d'un torchon sec,

Fig. 109. — Peigne.

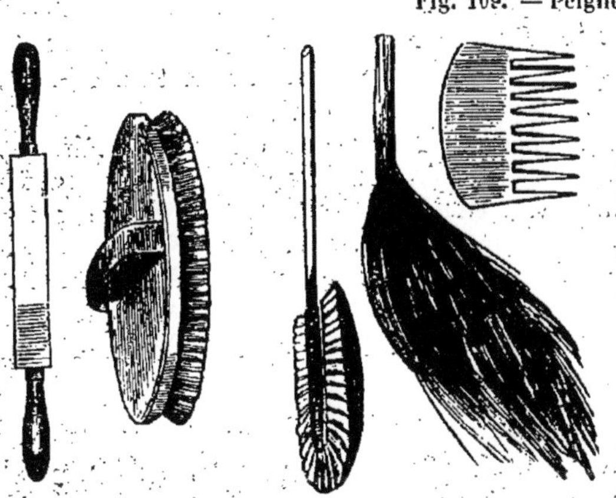

Fig. 105. — Couteau de chaleur. Fig. 106. — Brosse. Fig. 107. — Passe-partout. Fig. 108. — Époussetoir en crin.

d'une pièce de flanelle, ou de l'époussetoir en crin, fig. 108. Une habitude des grooms anglais, adoptée en France, est d'accompagner le pansage d'un petit sifflement qui paraît avoir pour objet d'écarter la poussière de la bouche, de calmer et d'amuser le cheval. La brosse de chiendent ou le passe-partout, fig. 107, sert ensuite à laver les jambes et les paturons et à les débarrasser de la boue adhérente ; on essuie et on sèche ensuite ces parties ; on nettoie en même temps la sole avec le *cure-pied*. Il ne reste plus qu'à démêler, à l'aide du peigne, fig. 109, le toupet, la crinière et la queue ; laver avec de l'eau bien propre les yeux, les naseaux, la bouche, et enfin l'anus et le dedans des cuisses ; et à graisser les sabots. On met des *flanelles* aux jambes des chevaux de sang pendant le pansage ; ce sont des bandes de flanelle d'un mètre de long sur trois doigts de largeur dont on entoure le bas de la jambe jusqu'à moitié du canon.

Il existe, en outre, d'autres pansages accidentels. Quand l'animal revient fatigué du travail, on abat la sueur avec le couteau de chaleur, fig. 105, lame d'acier, ou simplement de bois, de $0^m,50$ de long; mais l'opération la plus généralement employée est le *bouchonnage.* Ce sont des frictions avec un bouchon de paille tordu et un peu incisé à sa surface pour lui donner des aspérités. Cette opération a pour objet de sécher la peau et d'y ramener la chaleur et la transpiration. On n'oubliera pas de recourir à cette précaution toutes les fois que le cheval aura été mouillé. Un charretier soigneux évitera de placer sur le dos de son cheval des harnais mouillés; s'il ne peut faire autrement, il interposera entre eux une couverture ou de la paille. L'habitude qu'ont quelques cultivateurs de faire passer les chevaux revenant du travail dans l'eau pour leur nettoyer les jambes est bonne, si cependant on a soin de faire bouchonner ensuite les parties mouillées.

Les chevaux de race distinguée reçoivent ordinairement une espèce d'habillement complet, en étoffe de laine, composé du *camail*, avec ou sans oreille, enveloppant la tête et l'encolure; du *poitrail*, venant s'attacher sur le devant; de la *grande couverture*, embrassant le reste du tronc et maintenue par un *surfaix.* On y ajoute quelquefois des guêtres montant au-dessus du genou ou s'arrêtant au boulet, et dans ce cas, on adapte au genou des genouillères garnies de cuir.

Les chevaux de trait ordinaire n'ont pas besoin de vêtements aussi compliqués. Cependant, il faudra toujours avoir des couvertures communes, qu'on portera même sur la route pour couvrir l'animal aux moments d'arrêt, si l'état de transpiration et la température l'exigent. Les guêtres et les genouillères seront également précieuses en cas de neige et de verglas. Dans ce dernier cas, on fera mettre aux chevaux quelques clous à glace. En été, on aura des *filets* et des *volettes* pour chasser les mouches, des *oreillères* ou *léguins* pour préserver les oreilles de l'atteinte des mouches.

CHAPITRE V. — UTILISATION DU CHEVAL.

L'utilisation du cheval prend des formes très-variées. Pour l'éleveur, le cheval est un animal de rente ; pour le marchand, un objet de commerce ; mais pour la généralité, un instrument de travail. Le cheval mort rend encore service par sa chair, que les sociétés hippophagiennes ont voulu même élever au rang de viande de boucherie, par sa peau, ses crins, ses os, etc. Mais le point de vue capital de l'utilisation du cheval, c'est son emploi comme *force motrice.* Cette force s'applique de deux manières principales : par le *tirage*, et par le transport à dos, qui comprend la *selle* et le *bât*.

SECTION I. — EMPLOI DU CHEVAL DE TRAIT.

§ 1. — *Force du cheval.*

La force du cheval résulte : 1° de la puissance et de l'énergie plus ou moins modifiée par l'organisation et entretenues par l'alimentation ; 2° de la contraction musculaire, de la solidité des leviers osseux, et des cordes tendineuses qui les font mouvoir ; 3° enfin, l'application et la direction de la force même peuvent en accroître beaucoup les effets.

Il y a trois choses à considérer dans l'emploi de la force du cheval : l'*effort*, la *vitesse* et la *durée*, appréciées soit isolément, soit dans leur association pour produire le plus grand effet utile. L'*effort* que le cheval peut développer dans le tirage est modifié par les causes qu'on vient d'indiquer. On n'en connaît pas le *maximum*. Christian et Tregold admettent qu'un cheval ordinaire peut, en tirant sur une corde passant sur une poulie, soutenir un poids de 350 à 400 kilog. attaché à l'extrémité de cette corde. Ceci est l'*effort statique*. L'effort ordinaire du cheval dans un train continu est en rapport avec la vitesse et la durée. Il varie dans le tirage de 40 à 125 kilog. Il peut s'élever beaucoup dans un effort extraordinaire. On a vu un cheval déplacer seul une voiture de 5,000 kilog. ; effort équivalant à 350 kilog. environ.

La *vitesse* est subordonnée à des conditions fort diverses. Nous avons vu qu'elle peut varier de $0^m,40$ à 17 mètres par seconde.

La *durée* du travail ne peut guère être fixée d'une manière absolue, car elle dépend de l'effort et de la vitesse déployés. Cependant, un cheval ne pourrait supporter continuellement, sans que sa santé fût altérée, plus de douze heures de travail effectif par jour, qu'on doit couper par des intervalles de repos.

On peut obtenir, en limitant la durée, plus de force et plus de vitesse, comme on peut, en exigeant moins de vitesse, faire travailler un animal plus fort et plus longtemps ; on peut enfin, en diminuant l'effort, obtenir plus de vitesse et de durée. On a essayé de traduire ces rapports en chiffres. Ainsi, on a calculé qu'on peut exiger huit à dix heures de travail d'un cheval qui marche avec une vitesse de 6 kilomètres à l'heure, quatre à cinq heures de celui dont la vitesse est de 10 kilomètres, et seulement deux heures du cheval qui fait 16 à 20 kilomètres à l'heure. Si donc on veut augmenter la durée du travail de moitié, il faut diminuer la vitesse d'un tiers ; si on augmente la vitesse d'un tiers, on diminuera, en conséquence, la durée de moitié. En tout cas, dans un travail habituel, un cheval parcourra plus de chemin si on diminue la vitesse et qu'on augmente la durée. En effet, un cheval, à l'allure de 20 kilomètres à l'heure, ne ferait en un jour que 40 kilomètres, tandis qu'il en fera 50 à 60 avec une vitesse de 6 kilomètres.

Il en sera de même de l'*effort*. Un cheval attelé à une charrue dont le tirage n'exigera de lui que 40 à 50 kilog. d'effort pourra travailler 10 heures, mais il ne supporterait pas pendant 4 heures un travail qui exigerait un effort double. La vitesse se ralentira également dans une progression nécessaire. Un cheval pourra traîner une charge de 200 kilog. avec une vitesse de 15 à 16 kilomètres à l'heure ; avec 500 kilog., il ne fera plus que 12 kilomètres, et 6 seulement avec 1,000 kil. Du reste, avec un effort moindre on obtient proportionnellement plus de vitesse, et en somme plus de travail dans un temps donné.

Le travail ordinaire du cheval de roulage est de 10 heures par jour, avec une vitesse de 5 à 6 kilomètres à l'heure et un effort de 70 kilog. Cependant, on cite, à Paris, des roulages où un cheval transporte *inviduellement*, chaque jour, un fardeau de 2,000 kil., véhicule compris, à une distance de 28 kilomètres ; c'est un effort d'environ 120 kilog.

Le travail du cheval de ferme est ordinairement assez régulier, dans une grande exploitation surtout. Le climat et les saisons y apportent cependant des modifications. Dans le nord de la France, la durée du travail est de 10 heures par jour, savoir : 8 heures d'octobre à mars, et 12 de mars à octobre. Le travail est réparti ordinairement en deux attelées. En été, le conducteur se lève à 3 heures pour donner l'avoine et le foin, procède ensuite au harnachement et au pansement, déjeûne et part aux champs ; il fait une halte de 8 heures à 8 heures et demie, revient à 11 heures, déharnache, bouchonne, donne le repas, part à 1 heure (à 2 heures seulement dans les grandes chaleurs), fait une halte à 5 heures, et reprend le travail pour rentrer à 8 heures. De novembre à février, quatre mois, quelques cultivateurs font seulement une attelée de 9 heures à 5, coupée par une halte. Cette méthode a quelque avantage pour de grandes distances. Dans le midi de la France, l'ordre du travail est moins régulier. En été, on travaille de 4 ou de 5 heures du matin à 10 ou 11 heures, puis on repart à 3 heures pour travailler jusqu'à 8 heures du soir.

§ 2. — *Harnais.*

Les harnais comprennent tous les appareils appliqués au cheval, pour : 1° le contenir ou le gouverner ; 2° lui faciliter le tirage ou le transport à dos ; 3° le garantir des atteintes soit de la température, soit des insectes. De là trois classes : harnais de contention et de gouverne, harnais de trait et de selle, harnais de précaution et d'hygiène.

Confection des harnais. — Cette confection est l'objet de deux professions : celles du sellier et du bourrelier ; cette dernière est essentiellement rurale.

Les principaux matériaux qui entrent dans le harnais sont : le cuir, la toile, le fil, la bourre. Les *cuirs* principalement employés sont le cuir *hongroyé*, cuir blanc préparé à l'alun, puis passé au suif : avec ce cuir se font la plupart des harnais de l'agriculture, tels que licol, bride, avaloire, etc. ; les cuirs mous, tannés, de bœuf, vache, cheval, veau, et surtout ceux de mouton désignés sous le nom de basane. Ces derniers cuirs sont ordinairement suiffés ou huilés et noircis. La sellerie emploie plus particulièrement les cuirs secs et lissés.

En 1861, le cuir hongroyé se vendait de 1 fr. 80 à 1 fr. 90 le kilo ; le cheval à peu près le même prix ; la vache, 2 fr. à 2 fr. 50 ; le veau, 3 fr. à 3 fr. 50 ; la basane à la pièce, de 1 fr. à 2 fr. ; ces prix sont aujourd'hui augmentés. Le prix des fortes toiles est d'environ 1 fr. 75 le mètre superficiel.

Dans la confection des harnais, il y a ordinairement des prix locaux ; pour leur réparation, on paye à l'abonnement, ou à la pièce, ou suivant le temps et la fourniture.

L'outillage du bourrelier est fort simple : il consiste en aiguilles courbes et droites et un petit cylindre en bois fendu, dit *serre-point*, qui sert à entortiller la ficelle et à donner plus de force à l'ouvrier pour serrer ses points. On distingue l'aiguille dite à raiguiller, l'autre à bâtir. D'autres grandes aiguilles ou tiges de fer servent à rembourrer ou à débourrer, telles que le *tire-bourre*, la broche à enverger, celle à piquer ; il faut y ajouter des *alènes* de divers calibres, un *couteau à pied*, dont la lame forme un demi-disque, et une *serpette*, outils qui servent à couper le cuir. Enfin, une *rénette*, utile pour faire des traits sur le cuir ; le *bat-bourre*, planche de 1 mètre de large sur 2 mètres de longueur, sur laquelle on bat la bourre, à l'aide de cordes attachées d'un bout à la planche et de l'autre à une traverse mobile ; une *pince de bois*, que l'ouvrier tient entre ses jambes et dont les mâchoires serrent les objets à coudre ; enfin, une *forme*, grand cône en bois formé de deux pièces et sur lesquelles se règle l'ouverture des colliers, complètent l'attirail du bourrelier.

Pour faire les coutures, on se sert de fils très-forts, ayant de 6 à 12 brins et retordus ensemble, qu'on enduit de poix ou de cire. Pour la couture lacée, qu'on nomme le plus souvent *couture à joindre*, souvent employée, on enfile l'aiguillée par les deux bouts, puis, après avoir appliqué les morceaux à coudre l'un sur l'autre, on les saisit avec la pince de bois, on y perce un trou dans lequel on passe le fil jusqu'au milieu de sa longueur, puis on pratique un autre trou à côté du premier, et on y passe en les croisant les deux aiguilles; on serre le point au moyen de la manique des cordonniers ou du serre-point en bois, puis on continue, en perçant les trous plus ou moins rapprochés, selon la délicatesse ou la grossièreté du travail. Quelquefois, on se contente de faire cette couture avec une seule aiguille, que l'on passe alternativement dans les trous de l'alène; cette couture est alors dite à *demi-jonction*. On pourrait aussi la faire à points-arrière.

On nomme *brédissure* une espèce de couture qui se fait souvent avec une lanière de cuir; elle sert ordinairement à former à l'extrémité d'une courroie un pli destiné à contenir un anneau ou une boucle. Pour la faire, on commence par plier le bout de la courroie autour de l'objet que l'on veut y renfermer, puis on saisit ce pli dans la pince en bois; alors, avec l'alène à brédir, on perce les deux parties de cuir repliées l'une sur l'autre, puis on y passe la lanière qui sert de fil.

Pour les harnais plus délicats, au lieu d'une brédissure, comme nous venons de l'indiquer, c'est une couture piquée que l'on emploie pour arrêter les deux bouts repliés de la courroie. Cette couture forme alors un encadrement sur l'extrémité de la courroie. Les figures 110 représentent la brédissure *a* d'une boucle, et les détails mêmes de la boucle et de ses accessoires, appareil si fréquemment employé. La boucle est garnie quelquefois d'un petit *roulon* *b*, fig. 110, sur lequel s'arrête l'ardillon *c*, et le sanglon *d*, courroie dont l'extrémité passe dans la boucle et le *passant* *f*, fixé ainsi que la boucle sur le contre-sanglon *e*.

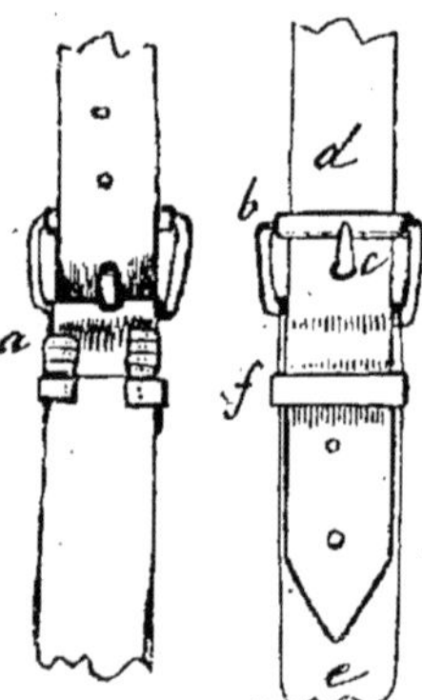

Fig. 110. — Brédissure.

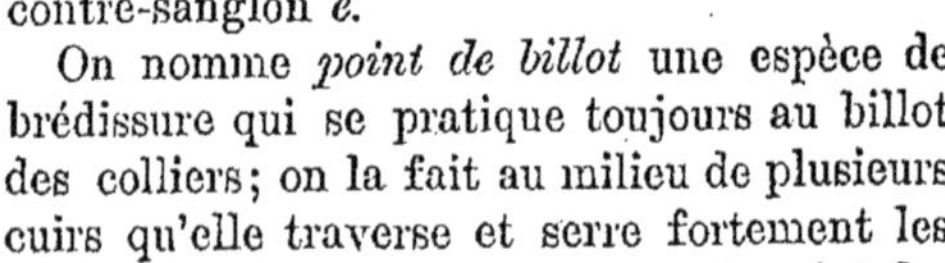
On nomme *point de billot* une espèce de brédissure qui se pratique toujours au billot des colliers; on la fait au milieu de plusieurs cuirs qu'elle traverse et serre fortement les uns contre les autres. La *restraiture* est une couture à point-de-

vant, comme celle que nous avons indiquée plus haut sous le nom de couture à demi-jonction.

On appelle *appointure* quelques bouts de fil que l'on passe provisoirement dans les deux épaisseurs des cuirs que l'on veut coudre. Les nœuds sont : le *nœud droit*, qui se compose de deux nœuds ordinaires faits à contre-sens; le *nœud plat*, ou de couplière, qui sert à réunir les attelles d'un collier. Pour faire un nœud plat *simple*, on rapproche les deux bouts *a* et *b*, fig. 111, de la lanière, on pratique une fente dans le bout *a*, on y passe le bout *b*, que l'on fait remonter par derrière en *c*, d'où il vient par devant se serrer dans le pli qu'il a fait. Pour exécuter le nœud plat *double*, fig. 112, on n'a qu'à continuer le nœud simple; on reprend le bout *b*, on le passe par derrière en *d*, et on le ramène en avant pour l'engager dans son pli *c*. Le *nœud croisé*, ou *patte d'oie*, pour attacher l'un sur l'autre plusieurs cuirs larges, le *nœud carré*, qui sert à joindre ensemble deux portions de courroie ou de lanière, sont un peu

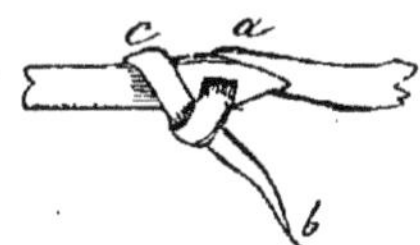

Fig. 111. — Nœud plat simple.

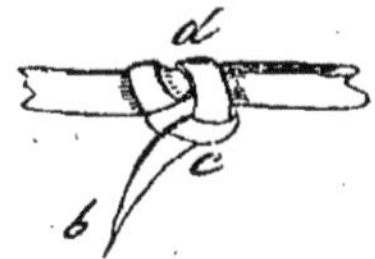

Fig. 112. — Nœud plat double.

plus compliqués; c'est d'ailleurs plutôt en les voyant exécuter, que sur une simple description, qu'on en saisira bien la confection.

Harnais généraux de travail. — Les harnais de trait varient suivant que l'animal est appliqué à la charrette, au chariot ou aux véhicules de trait léger et de luxe. Il est cependant quelques pièces communes à toute espèce de harnachement de trait, telles que le collier et la bride, qu'on doit d'abord faire connaître.

Le *collier* se réduit, dans quelques contrées rurales de la France, à un simple coussin de jonc ou de toile rembourrée embrassant la base de l'encolure. Sur ce coussin on pose, comme en Bretagne, par exemple, deux attelles mobiles reliées par une corde; ou, comme dans plusieurs points du midi, ce coussin fournit à l'animal un point d'appui pour faire effort contre un cadre en bois, qui remplace en quelque sorte les attelles. Ce cadre, appelé *colalève*, ordinairement destiné à accoupler deux mules ou deux chevaux, porte quatre montants parallèles, dont deux mobiles au milieu qu'on retire pour laisser passer la tête des animaux, et qu'on remet pour arrêter l'encolure dans ce cadre. Quoi qu'il en soit, on peut, dans tous les colliers, distinguer deux parties principales : le *coussin* à ouverture ovalaire, sur lequel le cheval prend son appui, et l'*attelle*, où se fixe le point de tirage.

La base du collier est d'abord un bourrelet allongé, étroit en son milieu, et renflé à ses extrémités, dont chacune forme en quelque sorte un demi-cône. Ce bourrelet, dont l'enveloppe est de basane et de cuir, est rembourré de paille et de bourre, que l'ouvrier pousse avec force et tasse dans son intérieur. Il est ensuite replié de manière que les deux demi-cônes de ses extrémités viennent se toucher; on les fixe solidement ensemble et on achève, à l'aide de l'*embouchoire*, de leur donner la forme représentée par la figure 113.

On a, du reste, en remplissant ce grand bourrelet, ménagé sur un point de sa longueur un pli qui, rembourré isolément, forme une espèce de baguette, et quand le coussin a reçu sa forme fait tout autour une saillie K, fig. 114, nommée *verge*. La rainure existant entre cette verge et le corps du collier est destinée à loger le bord de l'attelle et à lui fournir un point d'appui.

On nomme *tête* le sommet D, fig. 113; embouchure, l'espèce de voûte O qu'il surmonte; *mamelles*, les parties internes garnies de toile qui touchent plus ou moins l'animal; *panse*, la partie extérieure FF.

Fig. 113. — Forme du collier.

Le corps du collier ne doit pas être trop volumineux, pour ne pas surcharger le cou de l'animal; cependant, il doit offrir à l'appui de l'épaule une surface suffisante et d'autant plus large que celle-ci a plus d'ampleur et que l'effort est plus considérable. Les mamelles sont rembourrées avec des matières élastiques et douces. On a proposé de remplacer la bourre, le crin et la paille dont le collier est rempli, par d'autres substances et même par de l'air (pour les harnais de luxe toutefois). M. de Marcellange avait préconisé un mélange de graine de lin et de suif. Ce mélange formait un coussin assez malléable, la graisse agissait favorablement sur la peau; mais le collier était lourd et exposé aux attaques des souris. On doit changer le rembourrage et la toile des mamelles lorsque le coussin s'encrasse et durcit : c'est ce qu'on appelle mettre des *enfonçures*.

Le point essentiel est que l'embouchure soit bien adaptée à l'encolure, ce qui exige de la part du bourrelier une certaine habileté, la forme des encolures variant à l'infini; le cheval hongre, la jument, demandent des embouchures différentes. Le collier est bien ajusté quand il pose bien sur l'épaule en laissant la pointe libre. On devra pouvoir passer la main entre la partie inférieure et le poitrail. Trop court, le collier peut blesser le cou et la base de l'encolure; trop long, il peut léser le garrot et la pointe des épaules, dont il gêne le mouvement; trop large, il vacille et froisse par le frottement les téguments; trop étroit, il serre l'encolure, y détermine des *cors*. Le collier peut devenir trop large ou trop étroit si l'animal engraisse ou maigrit; on débourre ou on rembourre les mamelles en conséquence. Il est du reste indispensable, pour le cultivateur, d'avoir un ou deux *faux colliers*, espèces de coussins aplatis qu'on place sous le collier même.

Les colliers sont couverts d'une *housse* en cuir ou en peau de mouton garnie de sa laine; ces dernières sont plus économiques, mais se chargent de beaucoup d'eau et échauffent le cheval. Les charretiers soigneux ont pour le limonier des housses en cuir qui couvrent l'animal jusqu'à la croupe, et qu'on relève quand on veut sur le collier. En tous cas, la housse doit protéger le collier.

Les attelles sont en bois ou en fer; ces dernières sont affectées surtout au trait léger. Les attelles en bois sont à peu près exclusivement employées dans le tirage ordinaire. Réduites à des dimensions convenables, comme dans le collier belge, fig. 115, elles sont légères et solides. Elles s'ajustent à demeure sur le collier au moyen : 1° de huit *boutons*, petites bandes de cuir clouées sur l'attelle, comme on le voit dans la figure 114, et 2° de nœuds dits de *couplières*, qui serrent les attelles sur le sommet et en bas (quand le collier n'est pas coupé). L'attelle en bois, plus fixe, offre plus de résistance dans l'attelage des chevaux par file, à la traction du cheval, sur les traits de celui qui le précède. Par sa saillie, qu'on garnit quelquefois de fer, elle résiste mieux au contact du limon, elle contribue encore à écarter le trait du corps de l'animal. Sans doute on obtiendrait les mêmes avantages d'attelles en fer bien combinées. La *patte* de l'attelle est la partie supérieure, à laquelle on donne quelquefois des dimensions exagérées. A l'angle (ou *mentonnière*) de la patte A, fig. 115, se fixe un anneau dans lequel doivent passer les cordeaux ou guides. Dans le collier belge, cette disposition n'existe pas ordinairement; les pattes sont très-étroites, et le cordeau se rattache aux rênes mêmes.

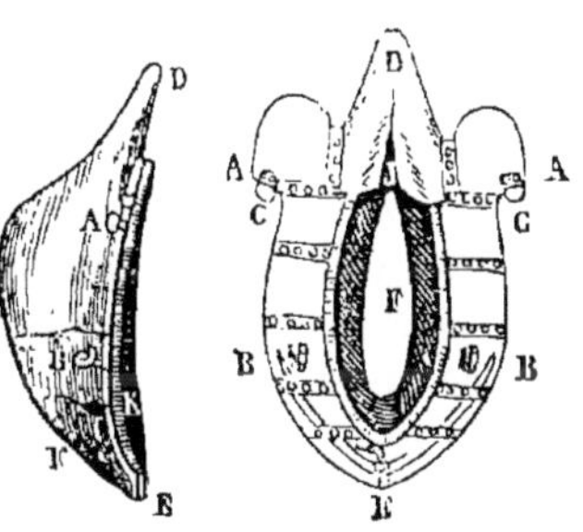

Fig. 114 et 115. — Collier belge.

Le collier est, soit complétement fermé, soit coupé à sa partie inférieure E, fig. 115, et peut s'ouvrir en ce point pour laisser entrer le cou de l'animal; cette dernière espèce est la plus générale. Dans le collier coupé, les attelles sont réunies en bas par deux *croissants* en fer portant à leur extrémité inférieure, l'une un piton, l'autre un *œil* qui s'engage dans ce *piton;* une goupille maintient cette position.

Les colliers coupés sont plus commodes pour le harnachement des chevaux de gros trait, hongres surtout, soit parce que ceux-ci ont une tête plus massive, qui laisse plus difficilement passer le collier fermé, soit parce que le collier lui-même est plus lourd à manier. Cependant, le collier fermé conserve mieux sa forme et la rigidité de son assemblage ; presque tous les colliers de trait léger à attelles en fer sont fermés. Le collier ouvert se disloque un peu par l'usage et pince quelquefois le garrot. Plusieurs inventeurs ont cherché à remédier à cet inconvénient, soit en assemblant, comme M. Amiard, les attelles à charnières au sommet du collier, soit en donnant au corps du collier, comme MM. Rochefort et Hamet, une espèce de charpente formée de deux arçons de bois très-légers, rembourrés au point de contact des épaules de l'animal.

Le point d'attache des traits au collier se fait par l'intermédiaire, soit du crochet B, fig. 114, fixé à l'attelle à l'aide d'une patte et d'une cheville, soit par une anse de cuir ou de fer nommée *billot*, qui passe dans une mortaise, sort par devant et est arrêtée par une cheville de bois ou *biquet*, BB, fig. 115. Le billot de cuir a l'avantage de pouvoir être coupé facilement pour dégager le cheval qui s'abat en limon. Le collier, dans le tirage, doit être à peu près parallèle à la direction de l'épaule ; on doit donc éviter de trop rembourrer à la partie supérieure. C'est surtout le point d'attache qui régularise la direction. Ce point ne devrait donc pas être unique. On a essayé de le faire varier, soit en allongeant la mortaise dans laquelle on peut élever ou abaisser la patte du crochet, soit en fixant sous l'attelle une chaîne dont les maillons, à un point plus ou moins élevé, reçoivent le crochet du trait.

La *bricole*, qui se substitue quelquefois au collier, surtout dans le tirage des voitures à quatre roues, consiste en une large bande de cuir nommée poitrail, sur laquelle en effet s'appuie cette partie dans le tirage. Le poitrail se prolonge quelquefois de manière à se réunir à l'avaloire, et forme ainsi une plate-longe au moyen de laquelle le cheval retient la voiture (comme dans la figure 121). Les traits sont fixés aux deux extrémités de la bricole par un grand boucleteau. La bricole est soutenue par une petite sellette et une double courroie qui borde la bricole. On y joint quelquefois une sous-ventrière. Les avantages de la bricole sont l'économie et la légèreté. On lui reproche de gêner dans le tirage le mouvement des épaules et de serrer la poitrine, de porter l'appui sur une région plus limitée et plus facile à léser, d'ôter, en conséquence, un peu de force à l'animal. Elle s'adapte difficilement, d'ailleurs, au tirage à la charrette de plusieurs chevaux. On doit avoir, en tout cas, une bricole comme harnais de précaution, lorsque le cheval ne peut accidentellement porter le collier.

Harnais généraux de gouverne. — La *bride* est le principal harnais de gouverne. On y distingue la *monture*, dont on donne la figure plus loin, et le *mors*, fig. 116 et 117, qui varie beaucoup de forme, suivant les différents services auxquels on applique le cheval, et suivant même la sensibilité de l'animal ; la figure 116 représente un mors de cheval de selle, et la figure 117 un mors de cheval de trait léger. Le mors se compose des *branches*, de l'*embouchure* et de la *gourmette*. On remarque dans les branches, en allant du haut en bas, l'*œil a*, auquel s'attache le porte-mors, et la gourmette, soutenue d'un côté par un crochet, de l'autre par une *esse*.

Le point de jonction de l'embouchure aux branches se fait par l'introduction de l'extrémité du canon *d*, nommé *fonceau b*, dans un trou pratiqué en ce point de la branche ; une petite broche ou une rivure retient les fonceaux dans cette ouverture, appelé le *banquet c ;* des *bossettes* recouvrent quelquefois le bout du fonceau. Un anneau, appelé anneau du banquet, est ordinairement fixé en ce point pour recevoir les rênes ; la partie inférieure des branches porte un autre anneau *f*, auquel se fixent les guides quand on veut agir fortement sur les barres. Dans la figure 117, il est en *h* un peu au-dessous, et l'anneau inférieur reçoit les guides.

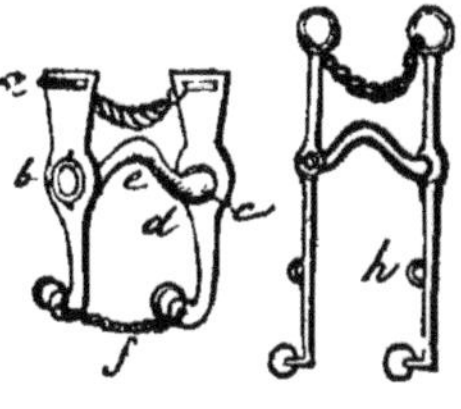

Fig. 116 et 117. — Mors.

L'*embouchure* est toute la partie qui entre dans la bouche du cheval. Elle se compose du *canon* du mors, tantôt entier, tantôt brisé, quelquefois droit, mais généralement offrant dans son milieu une courbure nommée liberté de langue *h*, laissée pour que le canon n'appuie pas sur cet organe, mais sur les barres. La *gourmette* est une chaînette à maillons plats, destinée à assurer la pression du mors sur les barres et qui agit elle-même sur la barbe qu'elle embrasse. Les rênes, dans la bride de selle, s'attachent à l'anneau qui termine intérieurement les branches, fig. 116 ; une chaînette *f* ou une petite traverse réunit quelquefois les branches en ce point.

L'action du canon sur les barres est modifiée par la conformation ou la sensibilité de cette région et celle même de la bouche ou des lèvres, et par l'attitude habituelle de l'encolure. Le mors doit porter sur les barres à un ou deux centimètres au-dessus des crochets. Aux barres élevées et tranchantes, on donne un canon droit un peu plus haut vers les fonceaux, pour diminuer légèrement l'appui sur les barres trop sensibles en le reportant sur les lèvres. Si les barres sont basses et le canal assez peu profond pour que la langue ne puisse s'y loger, on donnera un peu de *liberté de langue* au canon.

Pour les barres charnues et peu sensibles, on prendra un peu d'obliquité à partir des fonceaux, afin d'appuyer sur l'angle des barres. A un cheval bas du devant à encolure droite et massive, à celui qui porte au vent, il faut un mors plus énergique, des branches plus longues inférieurement et plus portées en avant qu'au cheval à encolure souple, à l'avant-main relevée, surtout s'il a des dispositions à se cabrer. La bouche très-fendue veut plus de fer et une gourmette bien ajustée; une bouche petite exige un mors plus délicat.

Le *bridon* e, fig. 118, est une bride incomplète, à monture légère, sans muserolle; le mors est brisé, sans branches ni banquet. Le filet est un bridon à mors encore plus léger. On emploie le bridon pour promener les animaux, dresser les jeunes poulains.

Le *caveçon*, fig. 118, est un fort licol en cuir, dont la muserolle est remplacée par une lame de fer cintrée *c* en trois pièces unies entre elles, à charnière, et quelquefois dentelée sur les bords. Un anneau à touret *b*, solidement fixé en dehors et au milieu du cercle, sert à attacher la longe *a*. La lame du caveçon est recouverte intérieurement d'une basane, pour amortir l'impression du fer sur le chanfrein. La monture du caveçon, analogue à celle de la bride, consiste en deux montants *d*, une double sous-gorge *ii*, un frontail et une têtière. C'est par l'intermédiaire de la longe, à laquelle on imprime une secousse plus ou moins vive, qu'on détermine sur le chanfrein la pression du caveçon qui doit rendre le cheval docile. Quelquefois, on se sert du caveçon au lieu de bride; on y adapte alors deux anneaux pour recevoir des rênes. Le caveçon, dans la figure 118, est posé sur le bridon *e*, qu'on peut employer simultanément. Dans la *bride américaine*, le mors est remplacé par un cercle de fer qui presse sur la barbe; elle n'a pas été adoptée en France

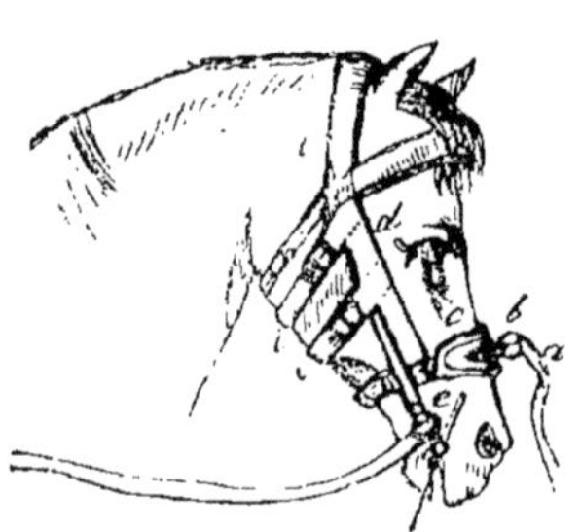

Fig. 118. — Bridon et caveçon.

Harnais de charrette. — Le harnais de limon, le plus ordinairement employé dans l'agriculture, est représenté en son ensemble par la figure 119. Il comprend la bride, le collier, la selle de limon, la dossière, la sous-ventrière. La *bride* A, B, C, est plus détaillée dans la figure suivante; les *rênes* D vont se réunir en une seule courroie qui, après avoir passé à la tête du collier, sous la housse, dans une espèce d'anse nommée *croisée*, va se fixer à une boucle Q, placée à la partie antérieure de la selle de limon. Les chevaux de trait gardent encore, sous la bride, le *licol* destiné à les attacher, et dont la monture, un peu moins compliquée que celle de la bride, se compose d'une *muserolle*, de deux montants ou *jouières*, d'une *têtière* et une *sous-gorge* réunies à la *sous-barbe* de la muserolle par un anneau qui reçoit une longe de 2 mètres à 2m,50.

Le *collier* E à larges attelles, avec sa demi-housse F, porte des billots L, auxquels se fixent les *mancelles* G, larges anneaux qui embrassent le limon et sont retenus en avant par une cheville. Ce système est généralement remplacé aujourd'hui par des chaînes de tirage fixées sous les limons, et qui vont s'attacher au crochet du collier, ou par des traits et un palonnier placé sous le lisoir de la voiture.

La *selle de limon* H a pour base un *fût* en bois, dont les extrémités antérieures et postérieures arrondies sont les *courbes;* deux tasseaux ajustés sur la ligne médiane interceptent entre eux une

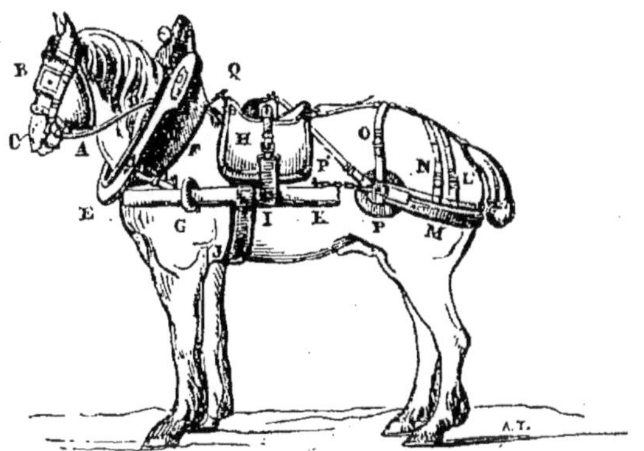

Fig. 119. — Harnais de limon.

rainure profonde U qui retient la dossière. Tout le fût de la selle est garni d'un cuir épais, qui s'élargit inférieurement pour former les *quartiers;* au-dessous sont les coussins ou panneaux rembourrés qui posent sur le dos du cheval, en laissant entre eux un large sillon pour loger l'épine du dos; un large sanglon, caché dans la figure par la sous-ventrière, fixé du côté droit de la selle, passe sous le ventre de l'animal et vient se boucler à deux contre-sanglons.

La *dossière* I qui, dans les équipages anglais, consiste en une chaîne, est faite, dans les harnais français, d'une large bande de cuir repliée sur elle-même, qui passe sur la sellette et vient embrasser chaque limon par ses extrémités. Une longue courroie double plus étroite, dite *ceinture*, réunit ces deux extrémités, en passant sur deux petits rouleaux dont elles sont garnies. Cette courroie, qu'une boucle permet d'allonger ou de raccourcir à volonté, sert à relever ou baisser la dossière.

La *sous-ventrière* J porte d'un bout une anse appelée boîte, qu'on fait entrer dans le limon de droite, et l'autre bout se tourne autour du limon *à main* pour s'attacher à une boucle enchapée sous la sous-ventrière même.

L'appareil de reculement ou *avaloire* M, N, O, P, est fixé d'abord à l'extrémité postérieure de la sellette, par une boucle qui saisit le bout de la croupière. Il agit sur les limons par l'intermédiaire du *ragot*, petit crochet en R. On distingue, dans l'avaloire, les bras de derrière ou *reculement* M, large bande de cuir en double, qui entoure les fesses et se termine de chaque côté en P par un grand anneau auquel s'attache la chaîne de recul; le *bras-de-dessous* O; une courroie dite *couplet* P, destinée à fixer plus solidement l'avaloire à la selle; et une pièce de cuir ronde, le *garde-flanc*, placée

Fig. 120. — Cheval de cheville.

sous l'anneau dont on vient de parler. Quatre autres montants N (deux de chaque côté), dits *barres-de-fesses*, achèvent de soutenir l'avaloire. La *croupière* L, embrassant la queue par son *fourchet* et son *culeron*, augmente la fixité de l'ajustement. On ajoute quelquefois une courroie, dite *bascule*, qui fait le tour du reculement et vient se fixer de chaque côté à la chambrure de la selle, et sert, dans les descentes, pour assurer l'appui de l'avaloire.

Le *cheval de cheville* est ainsi nommé, parce que ses traits se fixaient au moyen d'une cheville sur le limon. Son harnais, fig. 120, diffère peu de celui du cheval de devant.

La *bride* comprend les *montants* et *porte-mors*, la *muserolle*, le *frontail*, la *têtière*, la *sous-gorge*. Les *rênes* vont également passer par le sommet du collier et descendent en arrière sous la housse, pour se boucler avec l'extrémité antérieure de la croupière. Au mors de la bride s'attache encore le *cordeau*. Le collier, qui est, dans cette figure, un collier flamand à petites attelles, reçoit l'attache de traits, qui, tantôt en cuir, tantôt en chaînes, tantôt en cordes, comme dans la figure, sont terminés à chaque bout par une patte et des mailles de chaîne, avec ou sans crochets. Ils sont soutenus d'abord par un sur-dos, quelquefois même par des porte-traits; ils sont maintenus horizontaux par une sous-ventrière. Des *fourreaux* et des *faux-fourreaux* protègent le ventre et les cuisses du cheval contre le frottement des traits. On prévient encore le frottement en interposant entre les traits, derrière l'animal, un bâton dit *écartoire*. Une couverture, en forte toile, doublée et bordée de lisières, garantit le dos et les reins.

La longueur des traits de charriage est d'environ $2^{m},50$ à 3 mètres, et un peu grande, pour le cheval de cheville, afin de faciliter la tournée de la voiture. Ces traits sont également un peu plus forts, étant destinés à supporter en partie le tirage des chevaux de faute; leur poids est de 3 à 4 kilog. Autrefois, les traits du deuxième cheval embrassaient, par une boucle de leur extrémité, le limon, sur lequel ils étaient retenus par une cheville; aujourd'hui, on a substitué à la cheville un crochet ou une simple main au bout du limon destinés à recevoir l'attache des traits, terminés par une maille dans le premier cas ou par un crochet dans le second. L'autre extrémité du trait de cheville porte également plusieurs mailles, dont la dernière se fixe au crochet du collier; mais l'avant-dernière porte elle-même un crochet qui établit la communication du tirage du cheviller au premier cheval de faute, et ainsi de suite. Cette communication s'établissait autrefois à l'aide d'une cheville et d'un *billot* dit à *biller*.

Assez fréquemment, le cheval de cheville porte une plate-longe, espèce d'avaloire dont le reculement se prolonge par ses extrémités antérieures, et entoure le poitrail comme une bricole. La plate-longe sert pour mettre les chevaux en retraite dans les descentes.

Le *cordeau* remplace, pour le charretier, les guides du cocher d'attelage. Il y a deux systèmes de cordeaux : l'un, dit français, qui consiste en un cordeau unique, se rattachant à la bride de chaque cheval d'un seul côté (celui de la main); l'autre, le cordeau flamand, qui ne s'attache qu'au cheval de devant, et qui se divise en deux branches, dont l'une va se fixer au côté gauche du mors et l'autre au côté droit.

Le cordeau français, le plus généralement employé, consiste en une lanière de cuir large de 1 à 2 centimètres, longue de 5 mètres pour 2 chevaux, plus $2^{m},50$ par cheval. Le cordeau se fixe d'un bout au côté gauche de la bride du limonier, et de l'autre à celle du cheval de devant; quelquefois, pour ménager la boucle de la patte de l'attelle avant d'être attaché à sa bride, il se relie, en passant, à la bride du cheviller et des autres chevaux, au moyen de petites courroies nommées *retraites*, attachées d'un bout à la bride du mors, et portant de l'autre un anneau pour recevoir le cordeau.

Les **Harnais de chariot** diffèrent peu de ceux de charrette, si le chariot est à limonière. Cependant, le nombre des chevaux du chariot à limon est rarement au-dessus de deux; les harnais sont donc moins forts; la selle de limon est en général supprimée, et remplacée par un simple sur-dos, soutenu quelquefois par une petite sellette nommée *mantelet*. On peut atteler le limonier au brancard ou à un palonnier. Dans les chariots à timon, les chevaux sont attelés par paire; ceux attelés au timon sont les *timoniers*, l'un de droite ou *hors-main*, l'autre de gauche ou à la main. Dans les voitures de vitesse, le timonier de gauche prend le nom de *porteur*, celui de droite de *sous-verge*, les chevaux de devant sont les chevaux de *volée*. L'attelage est dit en *arbalète* quand on place seulement un cheval devant les deux timoniers.

L'*appareil de reculement*, lorsque les timoniers tirent avec un *collier*, consiste en un *colleron*, ou simple collier de cuir de 7 à 8 centimètres de largeur, ayant un anneau à sa partie supérieure pour l'attacher au collier, et un autre à sa partie inférieure, où passe une chaînette en courroie fixée à l'extrémité du timon; une plate-longe passe en outre dans ce même anneau et se relie à l'avaloire. D'autres fois, la chaînette part directement du collier, qui dans ce cas est lui-même maintenu par la plate-longe. Quelquefois, le système de reculement consiste en un demi-colleron, dont les deux extrémités s'attachent de chaque côté du collier à la hauteur des billots; l'avaloire, très-simple, se relie aux traits par une courroie qui part des deux extrémités du reculement, et va se boucler à une grosse maille de la chaîne des traits, immédiatement après leur sortie des fourreaux. Enfin, si les timoniers tirent à la bricole, on ajoute quelquefois, sur le devant même de la bricole, un crochet qui reçoit lui-même la chaînette; un reculement s'annexe à la bricole.

Les *harnais de luxe*, fig. 121, quoique variés dans leurs formes extérieures, reproduisent la plupart des pièces qu'on vient de décrire. La *bride r* présente dans sa monture les pièces déjà nommées plus haut; les branches du mors, plus longues que dans la bride du cheval de selle, portent à l'anneau du banquet les rênes, qui prennent le nom de *panurge q*. Chaque rêne remonte presque parallèlement au porte-mors, passe dans un anneau de la sous-gorge, dit le *dé de panurge*, et va se fixer au mantelet *e*, qui recouvre la sellette *f*. Sur ce mantelet sont les *clefs i*, anneaux au travers desquels passent les guides *v* et *p*. La guide *v* prend le nom d'*entre-*

deux, la guide extérieure *p* celui d'*italienne;* elles se réunissent en une seule. L'appareil de gouverne est complété par la martingale *n*, dont on se sert rarement, mais dont on peut attacher l'extrémité flottante à la sous-barbe. Sous le mantelet sont les panneaux, légèrement rembourrés, qui posent sur le dos du cheval, tantôt directement, tantôt avec l'intermédiaire d'une couverture de cuir ou toile cirée. Sous la sellette, descend la ventrelle *l*, qui soutient le trait à l'origine du grand boucleteau *d;* ce grand boucleteau sert à rallonger le trait qui se fixe à demeure à l'attelle *a*. Le collier *b* est très-léger, en cuir, avec attelles en fer, dont la partie inférieure porte un piton auquel adhère la chaînette *m*, fixée par son autre extrémité au bout du timon *o*. Le reculement *h* se réunit

Fig. 121. — Harnais de luxe.

aux traits au-dessus du grand boucleteau, et donne ainsi un appui au collier dans le recul. La croupière *k* se relie à la sellette, et se termine également par un culeron.

Harnachements. — On a senti le besoin d'introduire dans le harnachement militaire une régularité d'opérations et de mouvements utile à l'instruction des soldats et à l'ensemble. Si cet ordre méthodique n'est pas aussi nécessaire dans le harnachement agricole, il n'en est pas moins observé jusqu'à un certain point, et nous le croyons utile pour l'instruction et la surveillance des agents préposés aux attelages. Sans vouloir faire une théorie complète, qui variera un peu sans doute suivant les lieux, nous donnons ici, sous la forme d'instruction concise, quelques prescriptions pour le harnachement (au moins dans ses opérations principales).

Harnachement d'une charrette à trois chevaux. — Les animaux sont supposés attachés à l'écurie, pansés et prêts à partir, les harnais sont en place. Commençant par le *limonier.* S'approcher du collier appendu au pal, délier la goupille qui ferme le croissant, saisir par les deux attelles ce collier auquel adhère la bride par l'entre-deux des rênes, aborder le cheval du côté de la main (1), ouvrir le collier, le poser légèrement sur le dos, l'ouverture touchant le garrot, engager l'encolure dans le collier, le fermer et placer la goupille, prendre ensuite la *selle de limon*, l'élever au-dessus du dos et la poser doucement, plutôt un peu en arrière d'abord, afin de n'être pas obligé de la tirer à soi en mettant le culeron. On renverse légèrement avec la main l'avaloir, la croupière et le sanglon; se placer ensuite par derrière le cheval, saisir de la main gauche la queue et entortiller les crins autour du tronçon avec la main droite, qui prend ensuite le culeron et l'engage sous la queue dont on a soin de bien dégager tous les crins, afin qu'ils ne blessent pas l'animal. Revenir à la main, ramener la selle un peu en avant dans une position normale, le devant de la sellette effleurant le garrot et le milieu passant dans la ligne du centre de gravité; regarder s'il n'y a pas de contre-sanglons ou autres pièces prises sous la selle, si l'entre-deux répond bien à l'épine du dos sans cependant la toucher, baisser le sanglon, relevé sur la chambrure, en saisir sous le ventre l'extrémité, la ramener du côté de la main et la boucler aux contre-sanglons.

Détacher le cheval, relever la longe sur l'attelle droite, se placer près de la tête, à main, saisir la bride accrochée à l'attelle gauche, en prenant la têtière avec la main gauche, et avec la main droite la branche du mors près du banquet, la décrocher de l'attelle et la ramener en avant de la tête de l'animal en tendant la rêne de chaque côté, passer le canon sous le bout du nez et l'engager dans la bouche en écartant légèrement les barres avec le pouce gauche. Le mors étant entré, lever un peu la main droite, passer les oreilles entre le frontal et la têtière en commençant par l'oreille droite; accrocher la gourmette, boucler la sous-gorge, boucler l'entre-deux des rênes à la selle de limon, donner un coup de peigne et de brosse à la crinière; prendre la sous-ventrière, l'accrocher au collier et sortir le cheval.

Pour atteler, amener le cheval à la charrette qui sera sur les limons ou sur les chambrières, avec les roues calées, faire entrer l'animal à reculons dans les limons, passer les deux anses de dossière lorsque les bouts du limon les touchent, prendre la sous-ventrière, engager le limon de droite dans la *boîte*, en ayant soin que la boucle enchapée soit en dessous, passer au côté de la main, accrocher une des chaînes de tirage, tirer le bout de la sous-ventrière, l'amener pour la passer sur le limon de dedans en dehors, faire un tour sur ce limon, de manière à ce que la sous-ventrière touche légèrement le ventre de l'animal, passer le bout dans la boucle enchapée; accrocher la chaîne d'avaloir dans le ragot, passer de l'autre côté, accrocher l'autre chaîne de tirage et celle d'avaloir.

Atteler ensuite le cheval de cheville. — Mettre le collier comme il

(1) Toutes les fois qu'on approche du cheval, on lui parle afin d'éviter de le surprendre, et on observe ses mouvements.

est indiqué, rabattre la couverture et la croupière, passer le culeron, prendre les traits, saisir l'extrémité antérieure de la main gauche et passer le reste des traits sur le bras droit; aborder le cheval à main, accrocher le trait au collier de côté, passer l'autre trait hors main, ainsi que sa ventrelle, boucher la ventrelle, lever le trait de *la main* sur les reins, passer hors main, accrocher le trait et relever son extrémité en la croisant avec celle de l'autre trait, brider comme il a été dit, détacher la longe, en plier le bout, la rejeter sur l'attelle droite, peigner, sortir, atteler. Agir de même pour le cheval de devant.

Les chevaux étant attelés, prendre le cordeau à l'attelle du limonier, passer le bout postérieur par l'anneau de l'attelle gauche du limonier, le fixer à la *retraite* du cheviller, passer l'extrémité dans l'anneau de croupière du cheval de devant, puis dans l'anneau enchapé de son collier, puis à la bride.

Déharnachement. — Charrette à trois chevaux : la voiture étant arrivée, placée, calée, les chambrières abattues, dételer le cheval de devant; à cet effet, défaire le cordeau, le relever sur l'attelle du cheviller, décrocher les traits à leur jonction à ceux du cheviller, les relever sur le dos de l'animal. Même opération pour le cheviller. Détacher le cordeau de la *retraite*, le plier en faisceau et l'attacher à l'attelle gauche du limonier, ramener les deux chevaux à l'écurie, déboucler la ventrelle des traits, la nettoyer si elle est souillée de boue, ainsi que les fourreaux, décrocher les traits des billots et les mettre en place, revenir au cheval, sortir la croupière, relever la couverture sur le sommet du collier, déboucler la sous-gorge et la gourmette, dégager la têtière et le frontail, faire descendre le mors de la bouche, le passer par le bout du nez, attacher la bride sur l'attelle de gauche, ouvrir le collier, faire sortir de l'encolure en le laissant appuyé sur le dos, puis saisir de la main gauche l'attelle droite, tandis que la main droite tient l'attelle gauche, enlever le collier, le poser au pieu et le fermer.

Faire promptement la même opération pour le cheval de cheville, puis revenir au limonier; déboucher la sous-ventrière qu'on lavera un peu plus tard si elle est salie, décrocher la chaîne d'attelage et celle d'avaloir et la relever, faire glisser et retirer la sous-ventrière pour en dégager le limon, puis la placer sur l'attelle droite, revenir à la main, accrocher les deux chaînes ensemble, faire avancer le cheval en ayant soin que la dossière avance en même temps sur le limon et qu'aucune pièce ne reste accrochée.

Ramener le cheval à l'écurie, l'attacher au râtelier, dessangler la selle de limon, nettoyer le sanglon s'il y a lieu, le relever sur le fût, défaire le culeron, relever l'avaloire en le renversant sur la selle, déboucler l'entre-deux des rênes fixé au-devant de la selle, saisir celle-ci par ses deux arçons, l'enlever et la placer sur le pieu qui lui est destiné. Revenir à main, ôter la dossière de la selle et la mettre sur l'avaloire, ôter le cordeau, le détacher de la bride et le suspendre où il doit être, enlever la bride et le collier comme il est dit plus haut.

La selle et le collier enlevés, on passe la main sur les parties qu'ils recouvrent, pour juger si le cheval est échauffé ou blessé. On donne ensuite quelques soins de pansage et la nourriture.

Chaque harnais devra avoir sa place, soit en dedans, soit au dehors de l'écurie, toujours suspendu en endroit sec, jamais à terre. Il sera bien que chaque pièce porte son numéro, correspondant à celui du cheval. On a souvent pour le limonier un autre collier servant au labour. Les harnais seront visités par le charretier assez fréquemment ; un examen général sera fait en outre les jours de repos. Les harnais seront toujours maintenus à l'état d'entretien ; ils seront, chaque semaine, nettoyés à fond, graissés à l'huile de poisson ou de pied de bœuf. Le collier sera surtout l'objet de l'attention du charretier, qui doit le faire sécher, le gratter et en graisser la toile quand il est nécessaire, battre les coussins, le débourrer même s'il le faut, faire ce qu'on nomme une *fontaine* vis-à-vis d'une partie blessée, etc.

On tiendra, pour les harnais, plus à la solidité et à la propreté qu'à certains ornements, tels que franges, bouffettes, etc., qui se salissent promptement. Les ornements de cuivre sont de meilleur goût, mais demandent plus d'entretien.

§ 3. — *Du tirage.*

Dans le tirage, le cheval agit par le poids de son corps et par la contraction musculaire. L'effet de la traction dû au poids peut être comparé à un levier coudé du premier genre, dans lequel le point d'appui est en a, fig. 122. La résistance est vers l'attache r, r'. r'', des traits à l'objet à déplacer ; la puissance est la masse du cheval dont le poids passe par le centre de gravité p. Or, dans un levier, la puissance et la résistance augmentent ou diminuent comme leurs distances respectives au point d'appui, ou autrement leurs bras de leviers, distances déterminées par le point où vient tomber une perpendiculaire menée du point d'appui à la ligne de tirage. Ainsi, dans la figure, les bras de levier de la puissance sont mesurés par pb, pc, pd, ceux de la résistance par br'', cr', dr.

Ceci posé, on en déduit les conséquences suivantes :

1° Un cheval agit d'autant plus par sa masse, dans le tirage, qu'il a plus d'ampleur dans l'avant-main, et qu'il porte davantage celle-ci en avant, en allongeant l'encolure et l'épine dorsale. En effet, dans ce cas, le bras de levier pb s'allongera. Au contraire, si le cheval est mince d'avant-main, s'il relève l'encolure et reporte en arrière le centre de gravité p, il diminue d'autant ce levier. Un cheval très-court aura donc moins de puissance pour le tirage. Par la même raison, un homme a peu de force pour tirer à bricole, parce que la ligne abaissée du centre de gravité tombe trop près des pieds qui forment l'appui.

tournant l'avant-train plus ou moins obliquement à l'axe de la voiture, on fait exécuter aux roues des courbes ou des obliques pour prendre du terrain à droite ou à gauche. Soit, par exemple, le chariot *a*, fig. 129, qu'on veuille placer en *d* : on braque le timon à gauche pour faire tourner le véhicule à gauche, puis, arrivé en *b*, on braque à droite pour faire tourner à droite (toujours du côté où on veut tourner); arrivé en *c*, on redresse le timon et on va droit sur le point *d*. On aurait pu également avancer et reculer ensuite.

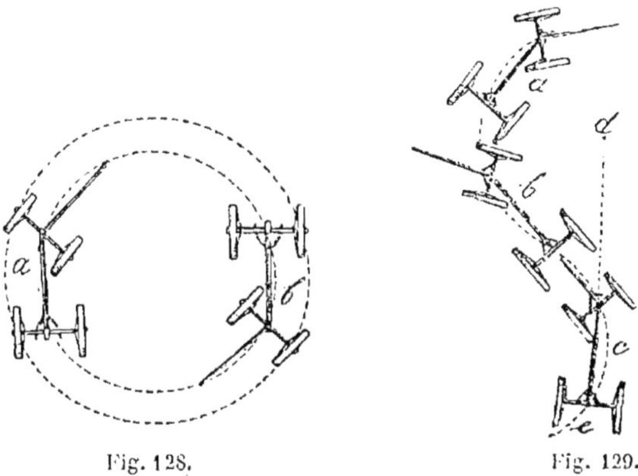

Fig. 128. Fig. 129.

On veut remiser le même chariot sous un hangar dont l'ouverture est en *e*, il suffira de continuer la courbe commencée; cependant, le derrière du chariot arrivant en *e*, on redressera le véhicule et on reculera en ligne droite. C'est surtout par la démonstration sur le terrain qu'on arrivera à résoudre toutes les difficultés. Des cochers exécutent quelquefois avec assez d'habileté la manœuvre de la voiture à quatre roues pour tracer sur le sol des cercles, des ellipses, des chiffres, un 8 ou un 6, etc.

Équipages à diligence. — *Position du conducteur.* — Il doit être assis droit sur un siége assez élevé par un coussin, les genoux rapprochés, les jambes étendues, les pieds appuyés, le haut du corps soutenu sans être renversé, les coudes tombant près du corps, le poignet gauche à la hauteur du coude. Quelquefois, le cocher se pose un peu obliquement, l'épaule gauche en arrière, la main droite à peine avancée, les bras légèrement arrondis; mais la première position est plus normale. Il y a deux menages : l'un à la française, dans lequel le pouce est fermé et le petit doigt placé entre les rênes, et le menage à l'anglaise, que nous allons décrire avec plus de détails, parce qu'il est aujourd'hui plus généralement adopté.

« Dans le menage à l'anglaise, dit M. Montigny dans son *Traité du dressage*, les guides se tiennent de la main gauche, fig. 130 ; l'excédant sort du bas de cette main dans laquelle elles sont séparées par deux doigts, de sorte que la guide gauche est posée sur l'index et la guide droite sur l'annulaire ; le pouce et l'index ne doivent être que très-peu fermés : ce sont les trois autres doigts qui assurent les guides dans la main. Pour arrêter les chevaux, il suffit, en principe, d'assurer la main, c'est-à-dire de fermer les doigts et de contracter progressivement le poignet ; on ne doit, par conséquent, ni tirer sur les guides, ni porter le coude en arrière, pas plus qu'il ne faut porter les mains en avant pour rendre à ses chevaux. La main droite tient le fouet ou reste libre à portée de le prendre et toujours prête à ajuster les guides quand il en sera besoin. Il sera bien toutefois de savoir conduire des deux mains. »

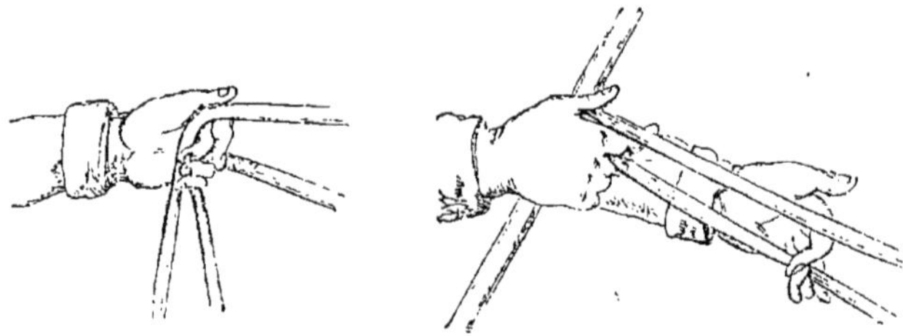

Fig. 130 et 131. — Menage à l'anglaise.

Pour tourner les chevaux, ou seulement prendre du terrain à droite ou à gauche, on marque un demi-temps d'arrêt pour les prévenir, on serre la guide du côté de l'inclinaison et on laisse un peu couler l'autre. Dans ce système, une guide devient plus longue que l'autre, et toutes les deux doivent être immédiatement réajustées, ce qui se fait en saisissant les guides de la main droite derrière la gauche, comme l'indique la figure 131, et les tirant inégalement. de manière à ramener seulement à son point la guide allongée Quelquefois on se contente de saisir avec les deux premiers doigts de la main droite la guide qui s'est allongée et de la ramener à son point dans la main gauche ; si les guides sont un peu courtes, la main gauche en laisse couler la longueur suffisante pour qu'elles soient dans leur position normale.

Le menage *à deux mains* a lieu toutes les fois qu'on a quelque chose de plus difficile à exiger du cheval, ou qu'on veut apporter plus de force pour l'arrêt. Dans ce système, les guides étant tenues de la main gauche, toujours comme il a été indiqué plus haut, la main droite, rapprochée de la gauche, mais un peu plus bas, saisit la guide droite, et, sans la séparer de l'autre, la fait couler un peu pour qu'elle agisse librement. L'action pour l'arrêt ou la conversion s'opère des deux mains : si le cocher veut arrêter, il résiste également des deux mains, en soutenant le haut du corps ; s'il veut obliquer à droite ou à gauche, il fait primer l'effet d'une guide sur l'autre en mollissant ou en contractant les poignets, suivant que le besoin s'en fait sentir.

Pour la *marche circulaire* à droite, le conducteur, ayant ajusté les guides et rassemblé les chevaux, commence, à l'aide d'une légère tension de la guide droite, par gagner un peu de terrain à droite, afin de faciliter le tournant à gauche, puis, par une légère tension de la guide gauche, il détermine l'attelage dans cette direction. Les chevaux étant bien ployés dans la courbe du cercle qu'ils doivent parcourir, le conducteur les soutient modérément de la guide droite pour amener la marche circulaire, sans permettre à l'attelage d'élargir ou de rétrécir le cercle. La marche circulaire à droite se fera de la même manière, en sens inverse.

Le menage *à quatre chevaux* et plus peut avoir lieu avec un conducteur et un postillon ; d'après les règlements, il doit avoir lieu avec un postillon toutes les fois que l'attelage est de six chevaux. Le menage avec postillon est analogue à celui dont nous venons de parler. Le cocher doit surtout maintenir son timon sur la ligne, conserver à ses chevaux une allure régulière, les arrêter ou les faire partir d'accord avec le postillon, de manière toutefois que l'arrêt des chevaux de timon ait lieu un peu avant celui des chevaux de volée, et qu'au contraire ceux-ci soient, dans le départ, précédés de l'effort des chevaux de timon.

Les chevaux de l'attelage à quatre ou six doivent réunir des conditions particulières et être parfaitement dressés. Les chevaux de timon auront plus de corps, seront plus forts, d'un tempérament calme et froid, aptes à bien retenir le véhicule ; les chevaux de volée seront plus vifs, plus ardents, sans cependant être difficiles ou ombrageux, ne ruant jamais au contact des traits ou du timon. Les chevaux de timon sont attelés courts ; il en sera différemment des chevaux de volée. Les timoniers peuvent, sans inconvénient, être un peu écartés, et les chaînes d'alliance tenues un peu longues ; les chevaux de volée seront plus rapprochés.

Dans le menage à l'anglaise à quatre, les guides sont placées sur les quatre doigts de la main gauche, fig. 132 : 1° guide gauche de la volée, sur l'*index ;* 2° guide gauche de timon, sur le *medium* ou second doigt : 3° guide droite de volée, sur l'*annulaire ;* 4° guide droite du timon, sur le *petit doigt*. Les trois derniers doigts de la main gauche seront solidement assurés sur les guides. On peut, pour délasser la main, reprendre les guides de la main droite, mais pendant un temps très-court. On *ajuste les guides* en les saisissant de la main droite et laissant glisser la main gauche un peu en avant, puis on ajuste les guides séparément. Pour mettre les chevaux en mouvement, les guides de timon seront un peu plus courtes que celles de volée, et ne se lâcheront qu'après avoir mis la volée sur les traits. Pour *tourner à droite*, après avoir assuré les guides de timon, on avance la main droite, avec laquelle on saisit les guides de volée, on amène un peu à droite la guide de droite, tout en laissant glisser légèrement celle de gauche pour donner plus de liberté au cheval de volée du dehors, et comme les chevaux de volée doivent avoir déjà parcouru une courbe avant que ceux de timon ne se déplacent, on soutient la guide gauche de timon.

Fig. 132. — Menage à l'anglaise à quatre.

En général, dans le menage à deux ou à quatre, les guides seront maintenues souples, ni lâches, ni tendues, pour que le conducteur puisse, par un mouvement imperceptible, faire *goûter le mors* aux chevaux. On modérera les chevaux du devant dans les montées, pour qu'ils n'entraînent pas les timoniers ; cependant, quand, dans les descentes rapides, des chevaux sont lancés à une vive allure, il faut moins essayer de ralentir leur course que de la diriger convenablement, prendre les tournants de loin et éviter les chocs ; en montant on soutiendra, et même on accélérera l'allure des chevaux de volée pour soulager les timoniers. Les ruisseaux seront toujours coupés en *biais*. On ne fera *cartayer* les chevaux, c'est-à-dire on ne mettra les roues hors des ornières, qu'afin de faire marcher ceux-ci sur un terrain meilleur ou éviter des cahots ; le cocher alors braque le timon sur l'ornière.

SECTION II. — EMPLOI DU CHEVAL DE SELLE. — PRINCIPES GÉNÉRAUX D'ÉQUITATION.

Harnais du cheval de selle. — Ces harnais sont le licol, la bride et le bridon, qui ont été déjà décrits, et la *selle*, dont on distingue principalement deux espèces : la selle *à la française* et la selle *à l'anglaise*. La selle a pour base une espèce de charpente de bois plus ou moins légère, composée des *arçons*, arcades correspondant, quand la selle est placée, l'une au garrot, l'autre aux reins. Les arçons sont réunis et assujettis par quatre planchettes appelées *barres*. Cette charpente se consolide par quelques ferrures couvertes d'abord de sangles de toile collée ; ensuite on revêt le tout extérieurement de pièces de cuir, et on fixe en dessous des coussins ou *panneaux d*, fig. 133, destinés à porter sur le corps de l'animal. La partie supérieure de la selle se divise en siége *c*, où s'assied le cavalier ; *trousquin a*, partie postérieure ; *batte* ou *pommeau f*, partie antérieure ; et les *quartiers c* et *g*. La selle est assujettie sur le cheval au moyen de sangles au nombre de trois, et de contre-sanglons plus nombreux, auxquels celles-ci viennent se boucler. Les *étriers* sont destinés à porter le pied du cavalier ; on y distingue la *grille k*, les *branches* qui la soutiennent, et l'*œil h*

Fig. 133. — Selle anglaise.

dans lequel passent les étrivières, double courroie qui va se fixer sous les quartiers. La croupière et son culeron arrêtent la selle en arrière, de même que le *poitrail* en avant, annexe souvent supprimée, prévient son retour en arrière. La selle anglaise, plus généralement usitée et représentée fig. 133, n'a pas de croupière.

Harnachement. — Pour placer la selle, on la saisit de la main gauche à l'avant et de la droite à l'arrière, les sangles et les étriers ayant été préalablement relevés sur le siége. La selle sera posée à un travers de main de l'épaule ; on passera la main entre l'arcade de devant et le garrot pour vérifier s'il n'y a pas de crin interposés. Pour brider, même procédé que celui déjà décrit; seulement, les rênes sont placées dans le bras gauche, tandis que la main droite saisit la bride par le dessus de la tête et que la main gauche tient le mors. On doit, avant de monter, serrer de nouveau les sangles, qui ont été serrées à l'écurie. Le cheval étant sellé et bridé, le cavalier l'amène sur le terrain, les rênes passées sur l'encolure tenues avec la main droite, les ongles en dessous près de la bouche, la main haute et ferme pour empêcher l'animal de sauter, la main gauche tenant la cravache, le petit bout vers la terre.

Monter à cheval. — Le cavalier se placera du côté montoir, la main droite saisissant le bout des rênes, le pouce sur leur plat intérieur, se tiendra sur l'arrière de la selle. Après avoir engagé le bout du pied gauche dans l'étrier, le cavalier saisira, de la main gauche tenant la cravache le petit bout en bas, une poignée de crins par dessus les rênes, le plus avant possible; puis, se dressant sur la pointe du pied, il s'enlève, en s'aidant des deux mains, le corps droit, la main droite appuyant sur l'arrière de la selle pour l'empêcher de tourner. Le corps étant élevé à la hauteur de l'étrier, on marque un temps, puis on passe la jambe droite tendue par-dessus la croupe du cheval sans la toucher; en même temps, la main droite, sans quitter les rênes, se porte sur le côté droit de l'avant de la selle, la paume appuyée dessus, les doigts en dehors, et le cavalier se met légèrement en selle. Il passe immédiatement la cravache dans la main droite, les rênes dans la gauche, le petit doigt entre les deux rênes, et chausse l'étrier droit.

Position du cavalier à cheval. — Le cavalier doit être assis sur la selle sans roideur et sans gêne, le haut du corps droit et aisé, fig. 133, la tête également droite et libre, les reins soutenus avec souplesse, car c'est par eux que le cavalier se lie aux mouvements du cheval; les jambes doivent tomber naturellement; embrassant la selle par le plat des cuisses, les genoux, les mollets; la pointe des pieds, basse quand l'étrier ne sera pas chaussé, se relèvera pour y engager le tiers du pied posé bien à plat sur la grille, le talon un peu plus bas. Le bras droit tombera naturellement, la cravache dans la main, la pointe en bas; le bras gauche sera soutenu, plié à angle droit; la main gauche, à deux travers de main environ du pommeau de la selle et du corps, tient les rênes séparées par le petit doigt, et maintenues par le pouce plié sur la seconde jointure de l'index, les doigts bien fermés, les ongles faisant face au corps. Lorsqu'on monte avec un *bridon*, la main droite tient les rênes du bridon.

Ajuster les rênes. — Le cavalier les saisit au-dessus de la main gauche avec le pouce et l'*index* de la main droite, élève cette main jusqu'à la hauteur du menton, le pouce en face du corps, il entr'ouvre les doigts de la main gauche, et égalise les rênes en sentant légèrement l'appui du mors.

On appelle *aides* le mors et les jambes. On peut y joindre l'appel de langue, la cravache et l'éperon ; cependant, la cravache et l'éperon sont plutôt des instruments de châtiment dont on doit user sobrement, et en cas d'insuffisance des aides proprement dits. Pour user de l'éperon, le cavalier rend un peu la main au cheval, et tournant la pointe des pieds suffisamment en dehors, il appuie les éperons derrière la sangle et les y laisse jusqu'à ce que le cheval ait obéi. C'est à l'épaule que doit se faire sentir l'action de la cravache. Les éperons doivent être plus rarement encore employés, mais doivent l'être franchement. C'est par l'emploi des aides qu'on met le cheval en action, qu'on le dirige, qu'on active ou modère son allure, enfin qu'on l'arrête. L'aide du mors agit de deux manières : par le déplacement, ou par la simple *contraction* des poignets. Ce dernier système se distingue du premier, en ce que les déplacements des bras sont beaucoup plus limités et se bornent à des mouvements de contraction et de rotation du poignet ; mais les directions imprimées au mors sont à peu près les mêmes dans les deux systèmes.

Porter le cheval en avant. — Le cavalier élève un peu ou contracte simplement le poignet gauche en tenant les jambes de près, ce qui s'appelle *rassembler* le cheval, puis il cesse la tension des jambes en la diminuant graduellement, pour déterminer le cheval à se porter en avant ; au besoin, un appel de langue ou l'appui de la cravache sont employés.

Les changements de direction, qu'on nomme en terme de manége *changement de main*, se font à l'aide des aides.

Pour tourner à droite ou à gauche, le cavalier *rassemble* son cheval et porte légèrement la main en avant et à droite, tandis que la jambe droite se ferme progressivement ; pour terminer l'à-droite, il soutiendra le cheval de la rêne et de la jambe gauche, puis replacera par degrés la main et les jambes pour marcher dans la nouvelle direction. Pour *tourner à gauche*, on emploie le même moyen, mais à gauche ; pour faire faire une *demi-conversion* (ou demi-tour), le système est le même ; seulement on soutient l'effet de la jambe et de la rêne du côté de la demi-conversion jusqu'à ce qu'elle soit opérée. La marche oblique, c'est-à-dire en appuyant ou gagnant du terrain à droite ou à gauche, se détermine de même par une tension légère de la rêne et une pression également très-peu sentie de la jambe du côté de la marche oblique, la rêne opposée étant d'ailleurs toute prête à agir pour éviter la conversion.

Arrêter le cheval. — On opère par une légère retraite du corps, le poignet fixe, se contractant un peu, ou on élèvera suffisamment le poignet par degrés, le rapprochant du corps pour augmenter au besoin l'effet du mors, les jambes également près, afin d'empêcher le cheval de reculer. Pour déterminer le cheval à *reculer*, ajustez les rênes, contractez le poignet et faites une légère retraite du haut du corps, les jambes prêtes et surtout égales, faites sentir l'appui du mors; dès que le cheval recule, *rendez* un peu la main en baissant le poignet, puis l'élevez de nouveau, et ainsi de suite, jusqu'à ce que le cheval ait achevé son reculer.

Si le cheval tente de se *cabrer*, rendez la main tout à fait, fermez les jambes complétement en arrière des sangles, penchez le haut du corps un peu en avant, gardez-vous surtout de tirer sur les rênes, le cheval pourrait se renverser.

Si le cheval tente *la ruade*, lâchez un peu les jambes en contractant fermement le poignet pour relever l'encolure, et opérant une retraite du haut du corps en arrière. On évitera les mouvements brusques et saccadés; il faut opposer à l'impatience du cheval du calme et de la fermeté, ne jamais céder à ses caprices. Si le cheval recule quand on veut le porter en avant, on le laisse reculer d'abord en le dirigeant, puis on l'arrête et on essaie de le porter en avant; s'il refuse, on le force à reculer, on l'arrête encore et on tente de le diriger de nouveau en avant; en répétant cette manœuvre on corrige le cheval. Avec un cheval *difficile*, le cavalier sera toujours sur ses gardes; prévenu par le mouvement des oreilles, il ne lui laissera pas le temps de s'armer contre les aides.

Les changements d'allure ont lieu de la manière suivante : pour *passer du pas au trot*, le cavalier ferme les jambes plus ou moins, suivant la sensibilité du cheval, et rend la main; quand le cheval obéit, on replace les jambes et les rênes par degrés. Pour *passer du trot au galop*, rassemblez doucement le cheval, les rênes bien ajustées, en lui faisant goûter le mors sans ralentir le trot, puis fermez vivement les jambes en portant un peu le haut du corps en avant; la main, un peu haute d'abord, pour décider l'enlevé, doit être rendue et le haut du corps replacé dès que le galop s'entame; on remet le cheval au trot en contractant ou en élevant légèrement le poignet. On lance le cheval au grand galop en baissant la main qui tient les rênes et fermant les jambes progressivement.

Quand le cheval galope en cercle, le corps faisant une courbe, les jambes qui dépassent les autres sont toujours en dedans du cercle. Si, tournant dans un sens, il vient à tourner dans un autre, il change instinctivement de jambe; mais dans la marche directe, le cavalier doit employer certains moyens pour lui faire exécuter ce changement. S'il veut, par exemple, faire galoper à droite le cheval lancé à gauche, il rassemble son cheval très-doucement, puis contracte ou élève le poignet en tendant la rêne gauche; pendant que les jambes se ferment, la jambe droite un peu plus fortement appuyée, ces deux aides, qui agissent en sens opposé, forcent le cheval à prendre son appui sur le derrière, et particulièrement sur la jambe gauche. Pour déterminer le galop à gauche, on agit de la même manière du côté opposé.

Saut du fossé ou de la barrière. — Lorsque le cavalier veut franchir un fossé, à quinze ou vingt pas de cet obstacle il rassemble doucement son cheval, les rênes soigneusement ajustées, lui faisant goûter le mors, les jambes prêtes et parfaitement égales, le contenant bien droit sans ralentir l'allure; en arrivant sur le bord, il décidera le cheval à franchir le fossé en rendant vivement la main et fermant bien également les jambes en arrière des sangles; ces aides devront être assez promptes et assez énergiques pour décider le cheval. Le cavalier se plie au mouvement par la flexibilité du bas des reins, de manière à ne pas charger l'animal lorsqu'il touche le sol de l'autre côté de l'obstacle; en ce moment même, la main doit se relever pour soutenir l'animal. Pour le *saut de la barrière*, la préparation est la même. En arrivant sur l'obstacle, le cavalier enlève son cheval en soulevant la main, faisant une légère retraite de corps, fermant un peu les jambes; puis, dès qu'il s'enlève, il le décide en rendant la main et fermant la jambe bien en arrière des sangles.

Descendre de cheval. — Le cavalier passe la cravache de la main gauche, le petit bout en bas, la main droite s'emparant des rênes et se plaçant sur le côté droit de l'avant-selle, tandis que de la main gauche il saisit une poignée de crins et déchausse l'étrier droit. Il mettra pied à terre en s'enlevant sur l'étrier gauche, passant la jambe droite tendue par-dessus la croupe du cheval, sans le toucher, tandis que la main droite, maintenant les rênes, viendra s'appuyer sur l'arrière de la selle; puis, rapportant la cuisse droite près de la gauche, il arrivera doucement à terre du pied droit et déchaussera l'étrier gauche.

Déharnachement et repos. — Le cheval étant ramené à l'écurie, on débride. A cet effet, décrocher la gourmette, déboucler la sous-gorge, avancer les rênes sur le dessus de la tête, les passer par-dessus les oreilles et les laisser tomber dans le pli du bras gauche; puis ôter la bride de la tête du cheval, en commençant par dégager l'oreille droite, remettre le licol et attacher le cheval au râtelier ou à la mangeoire; relever ensuite les étriers, déboucler les sangles, les relever sur la selle et enlever celle-ci doucement en la retirant en arrière avec les deux mains. Si on ne devait pas enlever la selle, il faudra toujours desserrer les sangles.

Les soins d'hygiène en route et à l'écurie sont les mêmes que ceux déjà indiqués. Tâter les endroits où porte le harnais pour voir s'ils ne sont pas blessés ou échauffés, bouchonner le cheval, l'essuyer avec un chiffon de laine, enlever la boue, la poussière, éponger la langue, les naseaux et les yeux, etc., lui donner enfin les soins indiqués en parlant du pansage.

CHAPITRE VI. — COMMERCE DES CHEVAUX.

Principales foires.

Ce sont les passages successifs du jeune poulain sous diverses mains jusqu'à l'âge adulte qui alimentent surtout les grandes foires à chevaux ; plus tard, quand il est livré à sa destination dernière, il revient encore sur le marché, mais plus rarement, et ne donne lieu qu'à des transactions d'une importance secondaire. Le prix courant du cheval est affecté par des causes très-nombreuses : la race, l'âge, la taille, le sexe, les formes, etc., etc. Il suit ordinairement une progression ascendante de la naissance à 5, 6 ou 7 ans, puis descendante de cet âge à la mort. Les plus hauts prix que l'on connaisse ont été obtenus par des chevaux de course ; on cite des chiffres de 100,000 fr. Naguère, M. de Prado payait *Aquila* près de 50,000 fr. avec les droits de vente. Les chevaux de luxe viennent ensuite on paie un attelage de 3,000 à 20,000 fr. ; les forts limoniers de gros trait, les beaux étalons des races de trait atteignent les prix de 1,500 à 2,500 fr. ; les beaux types de poste et d'*omnibus* de 800 à 1,000 fr. Les chevaux de remonte pour l'armée achetés à 4 ans ont beaucoup varié depuis 1789 : les chevaux de cavalerie de réserve, cuirassiers et carabiniers, de 500 à 600 fr. en 1789, valent aujourd'hui 1,000 fr. ; cavalerie de ligne, 400 à 600 fr. à la même époque, aujourd'hui 700 ; la cavalerie légère a monté de 400 à 550, l'artillerie de 500 à 600. Au-dessous de ces différents types, en descendant les degrés de l'échelle chevaline, on trouve tous les prix.

Voici, en suivant l'ordre des régions, les principaux centres où se fait le commerce de l'espèce chevaline :

Nord-Ouest, en Bretagne, foires très-multipliées parmi lesquelles on peut citer : Finistère, *la Martyre*, le 2 juillet, où se trouvent plus de 3,000 chevaux, en grande partie poulains et pouliches de trait et de remonte, peu de luxe, quelques étalons ; le bidet ou poney est plus nombreux à Quimper, le 15 avril ; on y vend aussi des chevaux de 4 ans, achetés poulains par les cultivateurs vers Tréguier, Lameur, Pontrieux, Laroche. A la Saint-Jacques à Lesneven le 15 août, à la foire de Morlaix du 15 octobre, à celle de Guesnou près Brest le 26 octobre, arrivent de 2,000 à 2,500 têtes, grand nombre de poulains de huit mois à deux ans, juments mulassières achetées pour le Poitou, poulains de trait pour le Berri, le Perche, la Normandie, bidets et chevaux de remonte. Le Folgoët, 29 août, est presque aussi considérable. Dans les *Côtes-du-Nord*, foires de carême, de Dinan, dont la première, dite du Liége, compte également 2,000 à 2,500 têtes ; celles de Menez-Bri, Saint-Brieuc, Lamballe, Jugon, Lannion (Saint-Michel), on compte à celle-ci quelquefois plus de 3,000 têtes ; Pontrieux, 10 septembre, foire où dominent également les poulains et à peu près les même types. Le *Morbihan* écoule ses produits, moins étoffés, dans les foires de Pontivy, Berric et Auray, qui empruntent du reste un peu aux autres départements bretons ; nous citerons, dans la Loire-Inférieure, Châteaubriand, Nozay, Nantes, foire du 25 mars et celle de la Saint-Marc.

Les foires d'Ille-et-Vilaine et de la Mayenne forment une transition avec les centres commerciaux de la Normandie et du Perche ; les principales sont celles de Ploubalay, Rennes, Fougère, Monfort, et pour la Mayenne, Laval (en mars) et Craon.

Les arrivages des foires des quatre départements de la Normandie, quoique variés dans leurs types, sont cependant caractérisés par l'industrie chevaline locale. La Manche écoule les poulains nés ou élevés dans ses riches herbages aux foires de Lessay, Saint-Floxel, Saint-Come, Brix, Bouteville et Gavray, qui se tiennent du 12 septembre au 15 octobre, et encore à la foire des Rois de Saint-Lô. Les animaux de choix et d'espérance passent tous dans le Calvados, vers la plaine de Caen surtout. L'arrondissement de Coutances achète quelques pouliches ; les animaux d'un prix moins élevé vont dans la Seine-Inférieure, l'Eure, la Somme, etc. Le Calvados élève plus qu'il ne fait naître, à l'exception du Bessin (arrondissement de Bayeux); les plus grandess foires de poulains s'ouvrent à Bayeux, à Trevières, et à la Toussaint, à Caen. L'élevage des beaux chevaux de selle et des carrossiers, presque exclusif dans l'arrondissement d'Alençon (Orne), tend à se propager vers Nogent, Mortagne, Argentan ; il imprime un cachet particulier aux foires de la localité, dont les principales sont celles d'Argentan, Alençon (foire de poulains, 5 novembre), Bernay, Orbec, Guibray (faubourg de Falaise), du 10 au 25 août, de Rouen, en juin et le 14 septembre. Les chevaux de quatre à cinq ans sont à ces dernières foires en plus grand nombre que les poulains. Il en est de même des grands marchés de chevaux de Caen, en février et avril. Les foires où se trouvent les chevaux percherons à leurs divers degrés d'élevage sont celles de Nogent-le-Rotrou (30 novembre), Mortagne, Montdoubleau, centre principal de l'élevage percheron, Vibray, Saint-Calais, Le Mans (à la Toussaint) ; celles où le cheval se présente complétement formé pour le service du roulage ou des diligences sont les foires de Chartres, la Saint-André et les Barricades, le 11 mai, peuplées chacune de 1,500 à 2,000 chevaux. Celles de Dreux, en carême et le 1er septembre, d'Épernon, Auneau, Damville, sont moins importantes.

Dans la région du nord, à partir de la Seine-Inférieure, les foires sont moins nombreuses. De gros marchands, qui résident sur divers points de la région, à Breteuil, Amiens, Solesme, et à Lille où se tient un grand marché hebdomadaire, etc., parcourent le pays, transportent les poulains du Boulonnais dans le Vimeux, du Vimeux dans toute la Picardie, étendent même leurs relations en Belgique, dans le Hanovre, le Mecklembourg, etc. On peut cependant indiquer quelques foires assez importantes dans la Seine-Inférieure, celles de Goderville, Criquetot, Orbec, Fécamp (Trinité) ; dans la Somme, celle de Beauvais, Corbie ; dans cette dernière, le Nord se fournit d'espèces asines et de mulets. Les foires de Crépy, Roye, Saint-Just, etc., dans l'Oise, rentrent dans la même sphère de transactions ; la culture y conduit ses chevaux faits et achète des poulains de 3 à 4 ans. Plus loin au nord, Abbeville, Montreuil, Fauquemberg, Saint-Martin au Laërt, Desvres, et surtout Saint-Omer (en février), ont des foires assez importantes. Les arrondissements du Dunkerque et d'Hazebrouck ont quelques foires peu nombreuses, où paraît la grande race belge et flamande, née dans le pays ou importée des foires de Furnes, etc.

En revenant à l'ouest, nous trouvons une grande région foraine, qu'on pourrait nommer poitevine, se rattachant d'un côté à la Vendée, de l'autre aux Charentes, convergeant par ses relations avec le centre et l'est. Ses poulains vont d'un côté jusque dans le Calvados, l'Eure, la Seine-Inférieure, le Pas-de-Calais même, s'arrêtant en partie pendant le trajet, en Touraine, en Anjou ; le Berri lui fait de nombreux emprunts, ainsi que l'Auvergne et le Dauphiné lui-même. Les deux grand marais de la Vendée versent chaque année dans le commerce leur contingent d'élèves ; une première vente de poulains de dix-huit mois se fait à la foire de Garnache, dite de Saint-Martin, le 11 novembre. Les acheteurs sont des habitants de la Loire-Inférieure, du Bocage, de la Vendée et des marais de Luçon ; mais la principale vente a lieu, entre le 15 mai et le 20 juillet, dans les foires de Bouin, de Sarletaine, le 31 juillet, et surtout à celle de Saint-Gervais, les 11 et 12 juin. Les plus beaux types, parmi les jeunes chevaux, sont achetés par les Normands; les Espagnols achètent quelques juments de choix; le Berri enlève les chevaux les plus communs, et les juments mulassières sont dirigées vers les Deux-Sèvres.

Pour le marais du sud, les foires les plus importantes sont celles de Saint-Gemme de Luçon, dans la plaine, les foires d'Oulmes et de Fontenay.

Dans le Bocage, il y a peu de foires à chevaux; on peut citer celle de l'Oie comme la plus importante. Dans les Deux-Sèvres, les transactions se partagent entre les espèces mulassière et chevaline; on compte quelquefois 800 à 1,200 sujets de toute espèce sur les vastes champs de foire de Saint-Maixent, Niort, Champdeniers, Melle, Sainte-Néomaie et Saint-Roman, qui, pour chaque localité, se répètent cinq à six fois par an. Les belles mules se vendent de janvier à mars; c'est à la foire des Rois à Melles, à la mi-carême à Champdeniers, que les plus belles sont enlevées par les Espagnols.

Pour avoir un ensemble complet de l'espèce chevaline dans le Poitou, il faut y ranger les nombreuses foires de la Vienne, parmi lesquelles les cinq foires de Poitiers, celles de Châtellerault, de Lusignan, occupent le premier rang; il faut y joindre encore, pour l'espèce mulassière, celles de Fontenay, Celles, Civray, Niort, Charroux, etc., où viennent des marchands du sud-est et du sud-ouest.

Le Cher, le Berri, l'Indre-et-Loire, font naître un peu mais se livrent surtout dans le pays de plaine, à l'élevage intermédiaire de la Beauce et de la Picardie, dont le Poitou leur fournit les éléments; de là des arrivages un peu différents dans les diverses foires de ces départements. Aux foires de *Rosnay* et du Pont-Saint-Marcel (5 novembre), dans l'Indre, se vendent les poulains nés dans les arrondissements de Châteauroux et d'Issoudun; les Auvergnats viennent s'approvisionner jusque sur ces marchés. Les élèves de la Brenne paraissent sur les foires de Mézières, du Blanc, de Buzançais. Les plaines du Cher et de l'Indre, qui ne fournissent pas directement les marchands, fort nombreux dans le pays, vont acheter ou vendre les chevaux de deux à cinq ans sur les foires de Vatan, Levroux, Issoudun, Écueillé, et dans le Cher, où les foires sont moins nombreuses; ces dernières ont lieu à Bourges, Sancerre, Vierzon, Aubigny; la portion pastorale du Cher qui fait de beaux élèves a ses marchés principaux à Saint-Amand, Nerondes, Sancoins, Linières. L'Indre-et-Loire est une étape placée entre les deux régions d'élèves du Poitou ou du Perche; les foires y sont importantes et nombreuses; les principales, où se vendent les poulains en partie de Bretagne, du Poitou, du Berri, et les chevaux achetés pour la culture sont celles de Loches, Richelieu, Amboise, Pressigny, Château

Regnault, Tours; dans cette dernière ville arrivent au mois de mai et d'août un certain nombre de chevaux de luxe.

La Creuse, la Haute-Vienne, la Corrèze, appartiennent au centre et à l'ouest par leurs relations commerciales, fort restreintes d'ailleurs, en ce qui concerne l'espèce chevaline. Les affaires se font principalement par l'intermédiaire des marchands et des remontes; cependant, on peut citer les foires du Dorat, en juin et mai, celle de Saint-Loup, à Limoges, au mois de juin et juillet, celles de Chalus, en mai et septembre; la Corrèze a sa foire de Tulle en juin, celle de la Graulière, en septembre.

La Nièvre, l'Yonne et l'Allier ont évidemment des rapports commerciaux nombreux avec le Berri; mais leur position plus à l'est leur crée également des relations avec la Bourgogne, la Champagne et les départements de l'est, qui offrent aux élèves de la Nièvre et de l'Yonne d'autres débouchés dans les vallées de la Seine, de l'Allier et de la Saône.

L'Auvergne n'est pas une région hippique très-importante comme élevage; cependant, sa position intermédiaire entre le sud-ouest, le sud-est et le centre, l'activité de ses nombreux marchands, lui permettent d'exercer une certaine action sur le commerce de ces diverses contrées. Le Cantal, malgré l'inclémence de son climat, fait un certain nombre d'élèves; la plupart descendent à un an, en mai et juin, aux foires d'Aurillac, la principale le 25 mai; à celles de Mauriac, de Maillargues, de Saint-Flour, qui ont lieu du 2 au 11 juin. Il se vend également de jeunes animaux aux foires de Maillargues, le 10, d'Aurillac, le 14 octobre; le 11 août, une foire pour les chevaux a lieu à Saint-Flour. Les acheteurs viennent de la Basse-Auvergne, du Dauphiné, de l'Ardèche et de l'Espagne. Les foires à chevaux du Puy-de-Dôme, si on excepte celle de Clermont, en mai, sont insignifiantes, ainsi que celles de la Haute-Loire et de la Lozère.

Les transactions sur l'espèce mulassière sont importantes dans cette région intermédiaire entre le Poitou et le sud-est; de nombreuses bandes de mulets, achetés par les marchands de l'Isère, des Hautes et Basses-Alpes, traversent l'Auvergne une partie de l'été.

Le bassin du sud-ouest de la France, malgré son étendue, reste beaucoup, en ce qui concerne ses transactions sur l'espèce chevaline, au-dessous des régions déjà étudiées; les foires y sont peu nombreuses, et l'intermédiaire des marchands, qui importent de la Normandie, du Perche, du Poitou, est à peu près généralement accepté. Aux limites de la Charente-Inférieure et de la Gironde, les foires de Saintes écoulent une partie de leurs sujets sur le bassin de la Garonne et dans le Blayais. Dans l'est de la Gironde existent quelques foires qu'on peut citer, telles que celles de Lamarque, Saint-Estèphe, Lesparre, Libourne, Langon et La Réole, en août, pour les chevaux de travail ; il s'y fait des achats pour le Lot-et-Garonne et la Haute-Garonne. L'espèce chevaline n'occupe une place un peu sérieuse aux foires de la Dordogne que dans celle de Sainte-Mémoire, qui se tient le 26 mai à Périgueux.

L'espèce bovine et le mulet, dominant dans les départements du Tarn, de Tarn-et-Garonne, Lot, Lot-et-Garonne, etc., ne laissent qu'une importance secondaire aux foires de l'espèce chevaline dans cette région ; Lot-et-Garonne fait un peu exception cependant par sa foire dite du Gravier, qui se tient le 17 mai, à Agen, et celle du Pin, où viennent beaucoup de chevaux, la plupart étrangers, de luxe et de trait léger ; on peut citer dans la même région les foires de Tonneins, Cahors, de Montauban et de Moissac. Le Tarn fait naître quelques chevaux ; Castres et Alby ont des marchés mensuels assez fréquentés, où se vendent des chevaux de différents âges enlevés pour la Haute-Garonne, l'Aude, l'Hérault, etc. ; la mule et le mulet y sont l'objet de transactions nombreuses. La Haute-Garonne fait des importations de mulets du Gers qu'elle revend à deux ans.

En se rapprochant des Pyrénées, on trouve une région d'élevage dont les chevaux ont un caractère spécial, imprimé surtout par le croisement arabe de la plaine de Tarbes. C'est un centre commercial auquel la Haute-Garonne et les départements voisins empruntent le cheval léger, et où l'Espagne également fait de nombreux achats ; les marchés de Tarbes sont le centre principal de ces transactions. L'élevage, qui se partage également là en plusieurs périodes, a ses foires à poulains et à chevaux de différents âges, qui se vendent à Lourdes, au Maubourguet, Oleron et Castelnau, à Pau le 12 novembre, le 20 juin et le 1er lundi de carême. L'élevage du mulet, qui se fait sur beaucoup de points des départements pyrénéens, donne lieu à des échanges nombreux ; on achète le mulet à un an, pour le revendre formé à deux, trois ou quatre ans. Dans les Basses-Pyrénées, les foires de Laruns en octobre, et surtout celle de Morlaas, ont une certaine célébrité. Les petits chevaux landais sont amenés à ces foires et à celles de Saint-Justin et Labouhière (Landes).

Le Languedoc et la Provence se partagent la région du sud-est ; l'industrie chevaline y est réduite à peu près aux mêmes proportions, proportions fort restreintes d'ailleurs. La Lozère, la Haute-Loire et le Cantal, dont nous avons parlé, sont jusqu'à un certain point les entrepôts ou le transit de ces deux provinces ; aux principales foires de l'Aveyron, qui ont lieu à Milhau, à Rodez, à la mi-carême et en novembre, à Sainte-Affrique en février, mars, mai, novembre, on mène quelques chevaux bretons, poitevins, auvergnats, et on exporte pour l'Hérault, le Languedoc, la Haute-Garonne.

Les foires de Mende (Lozère), en avril et en novembre, reçoivent quelques poulains et chevaux de l'Aveyron, du Poitou, de la Haute-Loire; ces foires sont fréquentées par les marchands de l'Hérault, du Gard, des Bouches-du-Rhône; les transactions sur le mulet ont plus d'importance dans ces contrées. Le commerce des chevaux se fait dans le sud-est presque exclusivement par des marchands, les foires y sont rares; les principales sont celles d'Aix, le 9 février, à la Fête-Dieu, et le 4 décembre; celles d'Arles, les 3 et 20 mai; mais c'est à Marseille, le 31 août, qu'il se présente le plus de chevaux, la plupart de luxe. En remontant la région du sud-est par le Var, Vaucluse, les Hautes et Basses-Alpes, on trouve le commerce des chevaux fort peu développé; il s'alimente presque exclusivement d'importations faites du Poitou, de la Comté, de la Suisse par les marchands. Les transactions ne commencent à prendre un peu d'importance qu'en approchant de la région dont Lyon est en quelque sorte le centre et le principal foyer de consommation; l'Isère, dont nous citerons seulement les foires de la Tour-du-Pin, élève peu et emprunte de l'Auvergne et au département de l'Ain. Les foires à chevaux, importantes dans l'Ain, sont : arrondissement de Bourg, Lent, 1er mars, 23 avril, 6 juin et 18 octobre; Saint-Laurent-les-Mâcon, les 20 mai et 10 août; Pont-de-Vaux, les 22 janvier, 4 octobre et 13 décembre, et les derniers mercredis du mois; arrondissement de Trévoux : Ambérieux, en décembre, en mars, mai, juin, août, septembre et novembre, etc.; Chalamont et Mont-Merle; arrondissement de Belley : Ceysérieu et Nantua, le 29 août. Les foires du Charollais versent également leurs produits en partie vers Lyon; telles sont celles de Châlons-sur-Saône, Cugny, Mâcon, Autun. Le Charollais et la Nièvre, que nous avons vus se rattacher d'un côté au commerce du centre et de l'ouest, participent également à celui de l'est; les centres de transaction sont Clamecy, Corbigny, Château-Chinon, Châtillon en Bazois, Montigny-sous-Corme, Saint-Severien, Decize, Nevers, et Moulins dans l'Allier.

En remontant dans le Doubs, le Jura, la Haute-Saône, le commerce chevalin s'étend; des foires assez nombreuses versent les produits de la montagne dans le bassin de la Saône, sur le plateau qui la domine, et jusque dans la Champagne et la Bourgogne. Aux foires du Doubs : Besançon, Pontarlier, Maiche, Russey, Beaumé, Verceil, Montbéliard et Montron, il se vend des poulains depuis six jusqu'à dix-huit mois. Dans le Jura, on peut citer les foires d'Orgelet, de Dôle, Champagnole, Nozerot; celles de Lons-le-Saulnier, en février, septembre et octobre, où le Lyonnais s'approvisionne de forts chevaux de trait ; et dans la Haute-Saône, celles de Gray Jussey, Gy et Lure. Dans la Côte-d'Or, beaucoup de petites foires : Saint-Jean-de-Losne, Vitteaux, Selongey, etc., où paraissent de 100 à 400 chevaux.

Le commerce des chevaux en Alsace était déjà complétement dans les mains des juifs alors que l'Alsace était française. Aussi, peu de foires à signaler ; les marchands israélites font des affaires importantes avec la Suisse à l'est, et avec la Prusse au nord de la vallée du Rhin. Leur part d'influence est également très-grande dans les transactions qui se font en Lorraine ; cependant, elle s'amoindrit dans la Meuse, les Vosges et une partie de la Meurthe. Metz, Sarre-Union, Toul, Lunéville, Épinal, Neufchâteau, Mirecourt, Verdun et Bar-le-Duc, avaient des foires d'une certaine importance fréquentées par des marchands de la Champagne, de la Bourgogne, de l'Auvergne et du Dauphiné ; les mêmes marchands vont encore aux foires de la Haute-Marne, Montigny, Nogent, Bourmont, Chaumont ; mais ils y trouvent la concurrence des marchands de la Brie.

Les Ardennes se relient, comme tout l'ouest de la Lorraine, au commerce de la Champagne et de la Bourgogne. Il se fait, au moyen des marchands qui exploitent ces contrées, des échanges nombreux entre les Ardennes, la Marne et l'Aube, entre l'Yonne et Seine-et-Marne. L'Aisne, l'Oise, Seine-et-Oise, participent également à cet ensemble de transactions, dont il est difficile de démêler les limites. Les foires à chevaux sont assez multipliées sur tous ces points, mais il y en a peu de saillantes par le nombre. Beaucoup d'animaux belges, achetés aux foires de Namur et de Givet, font une pose dans les Ardennes, et mêlés aux produits de ce département s'écoulent dans la Marne, le Nord, l'Aisne, etc. En nous rapprochant du bassin de Paris, les foires prennent un autre caractère ; ce sont des chevaux faits qui paraissent surtout sur les foires de Moncornet, Soissons (Aisne) ; de Sens (Yonne), de Montereau, Meaux, Bray-sur-Seine, le 14 février, de Montety (Seine-et-Marne) ; de Crépy, le 17 février, Montdidier, Roye (Oise). Ces foires tiennent du reste au bassin de Paris, grand centre de consommation chevaline, où se fait, par l'intermédiaire de nombreux marchands ou commissionnaires, un immense commerce, dont le marché aux chevaux, malgré ses 1,000 à 1,500 animaux qui y paraissent chaque semaine, n'est qu'un faible reflet.

CHAPITRE VII. — ENCOURAGEMENTS, HARAS ET COURSES.

Les encouragements à la production de l'espèce chevaline sont donnés par l'État, les départements, ou par des associations particulières.

L'État agit par l'intermédiaire de la direction des haras, qu'un décret du 19 décembre 1860 a distraite du ministère de l'agriculture pour la placer dans le département du *ministère d'État*. Cette mesure a été prise à la suite d'une discussion approfondie au sein d'une commission spéciale de 25 membres, dont 12 s'étaient prononcés pour la suppression et 13 pour la conservation de l'administration des haras. L'avis de la majorité a été consacré par l'arrêté ci-dessus, complété par un règlement du 10 février 1861.

Haras. — Ce service se compose d'un directeur général, de 8 inspecteurs généraux, dont 4 de 1re classe et 4 de 2e, 2 chefs et 2 sous-chefs de bureau. Il existe en outre auprès du ministère d'État une *commission supérieure* composée de 10 membres.

L'administration des haras possède 25 dépôts d'étalons, répartis en 7 arrondissements et 420 stations au moment de la monte.

1er *arrond.* : Abbeville, Braisne, Charleville, Rozière— 2e *arrond.* : Le Pin et Saint-Lô. — 3e *arrond.* : Angers, Blois, Hennebon, Lamballe. — 4e *arrond.* : Libourne, Napoléon-Vendée, Pompadour. — 5e *arrond.* : Pau, Tarbes. — 6e *arrond.* : Aurillac, Perpignan, Rodez, Villeneuve. — 7e *arrond.* : Annecy, Besançon, Bluny, Montier-en-Der; on doit y ajouter le dépôt du bois de Boulogne.

Le nombre des étalons est aujourd'hui d'environ 1,200, ainsi répartis : pur sang anglais, 195; arabes, 62; anglo-arabes, 95; légers, 100; carrossiers, 600; de trait, 80, au lieu de 240, nombre antérieur.

L'administration paraît disposée à diminuer cette dernière catégorie, dont la production lui paraîtrait suffisamment encouragée par le commerce, pour reporter son attention sur les anglais purs ou demi-sang et les carrossiers, qui pourraient en même temps fournir aux besoins de l'armée. Le personnel de chaque haras se compose d'un directeur, d'un sous-directeur comptable, un surveillant, un vétérinaire, et en outre, de palefreniers de différentes classes.

Une *école d'entraînement modèle* vient d'être installée à la place de l'ancienne jumenterie et de la vacherie du Pin.

Des *écoles de dressage* nouvelles, établissements particuliers destinés à conserver les principes de bonne équitation et du dressage du cheval de selle ou d'attelage, on été créés à Caen, Napoléon-Vendée, Toulouse, Nancy, Nantes.

Encouragements. — Le système nouveau s'est proposé principalement d'encourager la production du cheval pour l'armée et le trait léger, qui ne trouve pas une excitation suffisante ; de préparer un débouché plus certain à ce genre de chevaux, en amenant les producteurs à castrer de bonne heure et à dresser eux-mêmes les animaux pour l'attelage ou la selle, afin que l'armée puisse, sans avoir recours aussi largement à l'institution onéreuse des dépôts de remonte, trouver à un moment donné de quoi satisfaire ses exigences ; elle pourrait alors faire ses achats à 5 ans sans établir, par des acquisitions anticipées, une concurrence au commerce. Les dispositions prises dans ce but sont :

1° Des *certificats d'aptitude* délivrés dès l'âge de 2 ans aux poulains capables de faire plus tard des étalons, et leur donnant droit de concourir pour entrer dans les haras de l'État, d'être approuvés ou autorisés ; 2° des primes de 50 à 200 fr., délivrées en concours publics (au mois de septembre) aux *poulains* de demi-sang et trait léger *castrés* à 2 ans au plus ; 3° des primes de dressage et des prix de courses au trot aux chevaux hongres de 4 à 5 ans ; 4° pour les *pouliches* de demi-sang et de trait léger, des primes de 100 à 300 fr. en concours publics ; 5° pour les *poulinières de sang*, demi-sang et trait léger, de 4 à 6 ans, des primes de 100 à 600 fr., délivrées en concours public ; 6° augmentation du nombre des étalons approuvés ; 7° *des épreuves* pour les poulains entiers, les pouliches, les étalons présentés à l'approbation.

Ces épreuves sont spéciales ou générales ; les premières consistent : 1° pour les *jeunes entiers*, demi-sang, carrossiers, et même de trait s'il y a lieu, pourvus de *cartes d'aptitude :* en courses au trot, à la selle ou à l'attelage, avec des prix de 300 à 1,200 fr., et si ce sont des étalons de selle, en des courses au galop avec obstacles (haies de 1 mètre à 1m 20), avec prix de 500 à 1,500 fr. ; 2° pour les *pouliches :* en courses au trot ou à la selle, prix de 300 à 800 fr., enfin, 6 prix de 1,000 à 4,000 fr. sont encore institués pour concours de dressage de chevaux à la selle.

Les épreuves générales comprennent des prix de dressage pour chevaux hongres ou juments de selle ou de carrosse de 4 à 5 ans, et des courses au trot et des courses au galop avec obstacles pour la même catégorie.

Étalons approuvés. — Ces étalons, dont le nombre s'était élevé jusqu'à 900 en 1860, mais dont 800 seulement touchent une prime, doivent être âgés de 4 ans au moins et avoir subi des épreuves publiques. Les chevaux de trait peuvent être seuls affranchis de cette dernière obligation. La taille minimun requise est :

arabes, 1m 46; anglo-arabes, 1m 50; demi-sang, 1m 52; anglais et trait, 1m 54. Le tarif des primes est réglé comme suit : pur sang, 500 à 2,000 fr., et même 3,000 fr. pour sujets exceptionnels; demi-sang, 500 à 1,000 fr., et exceptionnellement 1,500; trait, 300 à 500 fr., exceptionnellement jusqu'à 800 fr. L'approbation est annuelle et renouvelable s'il y a lieu. La prime n'est acquise qu'à l'étalon qui a sailli, savoir : le pur sang, 30 juments; le demi-sang, 40; l'étalon de trait, 50. (Ces chiffres rectifient ceux de la page 94 se rapportant à l'ancienne organisation.)

Les encouragements des départements ont en général pour objet les espèces chevalines autres que le pur sang, sur lequel porte presque exclusivement l'attention des haras. Ils sont prélevés sur des fonds votés spécialement pour cet objet par les conseils généraux dans des proportions fort diverses, et variables chaque année. Le chiffre s'élève jusqu'à 28,000 fr. pour quelques départements, Seine-et-Marne par exemple; il ne dépasse pas 1,500 pour d'autres. On peut estimer à 700,000 fr. environ les sommes affectées chaque année à l'encouragement de l'espèce chevaline par les départements; des primes aux poulains et aux juments absorbent la plus forte part, puis viennent les achats d'étalons, et enfin les courses. Les encouragements des associations agricoles se confondent en partie avec ceux des départements, dont ces associations sont presque toujours les dispensatrices; c'est par les courses que se produisent surtout ceux des sociétés hippiques et des villes.

Courses. — Ces institutions ont pris en France un très-grand développement depuis trente ans. En 1820, il se présentait seulement sur les hippodromes 120 concurrents se disputant 60 prix. En 1860, 400 prix divisés en 342 courses plates, 36 *steeple-chase*, et 22 courses de haies, dont la somme atteint 1,373,455 fr., ont été gagnés.

Des courses sont instituées aujourd'hui dans plus de soixante lieux différents, mais leur importance n'est pas la même; les unes sont créées par le gouvernement, et dans ces courses mêmes sont donnés un certain nombre de prix dont les départements ou les villes font les frais; les autres courses sont établies par des sociétés hippiques, dont la principale, vers laquelle rayonnent la plupart des autres, est la société instituée à Paris sous le nom de *Société d'encouragement pour les courses* ou *Jockey's-Club*. Les courses de cette société ont lieu à Chantilly au printemps et à l'automne; le gouvernement et les départements, font du reste encore une partie des frais et de ces courses, des souscriptions, des cotisations, des droits d'entrée sur les hippodromes, etc., les complètent. Parmi les prix principaux, on peut citer le prix du *Jockey's-Club*, 10,000 à 15,000 fr.; le prix de Diane, la Poule des produits, le grand

Saint-Léger, de Moulins, 6,000 fr.; le Derby du Midi, etc. Les prix des steeple-chase de la Marche sont également fort élevés.

Les prix institués par le gouvernement se divisent en *prix classés* et non classés. Les prix classés, indiqués par un arrêté du 17 février 1853, ne peuvent être disputés que dans des courses au galop par chevaux et juments de pur sang français et inscrits au stud-book; ils sont répartis en quatre classes : 1re classe, grands prix de 20,000 fr., de 15,000 fr., de 10,000 fr., pour les chevaux n'ayant jamais gagné ce prix; 2e classe, prix de 4 à 5,000 fr. pour chevaux n'ayant pas gagné de prix de 1re classe; 3e classe, prix principaux de 3 à 4,000 fr., pour chevaux n'ayant jamais gagné de prix de 1re et de 2e classe et ayant résidé un an dans la division; 4e classe, prix de 1 à 3,000 fr., pour les chevaux n'ayant pas gagné de prix dans les autres classes. Les chevaux ayant gagné un prix dans la classe où ils sont admis à courir portent une surcharge de 2 kilog., et de 4 kilog. s'ils en ont gagné plusieurs.

S'il arrive qu'un cheval coure seul pour un des prix ci-dessus spécifiés, il doit fournir la distance à raison de 9 secondes pour 100 mètres.

La France est, pour les courses, partagée en 2 divisions : celle du Nord et celle du Midi. La première confine à la seconde par les départements de la Loire-Inférieure, Maine-et-Loire, Sarthe, Seine-et-Oise, Seine-et-Marne, Yonne, Côte-d'Or et Jura, qui appartiennent au Nord; au delà est la division du Midi.

Les courses peuvent se diviser en *courses plates*, qui sont les plus générales; *courses de haies*, qui ne diffèrent des courses plates que par quelques obstacles, tels que des façons de haies de 1m 40 de hauteur, placées sur divers points de la piste; enfin, en courses au clocher ou *steeple-chase*. Ces dernières se font sur un terrain coupé d'obstacles de diverses espèces, tels que haies, fossés, rivières, murailles, talus; elles manifestent au plus haut degré la vigueur du cheval, l'adresse et le sang-froid du cavalier. Les courses plates ont ordinairement lieu sur une vaste arène à surface plane, nommée hippodrome, et en anglais *turf* (gazon). La piste suivie par les chevaux, marquée intérieurement par une corde et des poteaux, consiste ordinairement en deux lignes parallèles raccordées par une courbe à chacune de leurs extrémités; un poteau marque le départ et l'arrivée; à cent mètres en arrière de ce poteau est le poteau de *distance*. Les chevaux qui n'ont pas atteint ce poteau au moment où la tête du vainqueur dépasse le poteau d'arrivée sont déclarés distancés, et n'ont pas de rang dans la course. Dans la course en partie liée, ils ne peuvent courir une autre épreuve. La longueur de la piste varie un peu suivant les hippodromes; elle est ordinairement de 2,000 mètres. Les dispositions de l'hippodrome se complètent d'une enceinte où on pèse les jockeys, et de tribunes pour les juges, les intéressés et le public. Certaines courses n'admettent que des demi-sang; d'autres des chevaux de telle race; d'autres enfin de toute espèce. Ces dernières courses prennent ordinairement le nom d'*omnium*; on nomme courses des *hacks*, en français (bêtes communes), celles dont sont exclus les chevaux de sang et ceux entraînés; les courses dites des *laboureurs*, des *comices*, sont encore de ce genre.

Age. — Les courses du gouvernement n'admettent pas de chevaux au-dessous de 3 ans; mais le Jockey's-Club et quelques sociétés hippiques font, sous le nom de courses d'*essai*, de *critérium*, des courses entre poulains et pouliches de deux ans. Ces courses, qui nécessitent un entraînement prématuré, sont désapprouvées par tous les hommes qui ne cherchent dans les courses qu'un moyen d'amélioration de l'espèce. Les poules de *produits* et poules d'essai sont des courses où les prix sont disputés par des poulains ou pouliches de 3 ans, engagés avant d'être nés. Dans les courses, les animaux portent, suivant leur âge et les prix antérieurement obtenus une surcharge de poids déterminée.

Les *handicaps* sont des courses dans lesquelles on a surtout pour objet de faire porter des poids qui égalisent les chances des concurrents. Ces courses sont considérées comme un obstacle à l'amélioration du cheval.

Les *courses à réclamer* sont des courses dans lesquelles le cheval gagnant peut être réclamé pour une somme indiquée, soit par le propriétaire, soit par le programme de la course.

Toute personne qui engage un cheval dans une course est en général tenue de payer comme entrée une somme qui s'élève, suivant les courses, de 25 à 200 fr. et plus. L'entrée est acquise à la course, lors même que celui qui l'a payée ne court pas, s'il ne retire pas son engagement dans un délai fixé; dans ce cas même, il doit une certaine somme, nommée *forfait*, déterminée d'avance.

ESPÈCE ASINE.

CHAPITRE Ier. — L'ANE.

SECTION I. — EXTÉRIEUR.

L'âne paraît appartenir par son origine à l'Asie, contrée où il en existe un grand nombre, remarquables par leurs formes et surtout par leur vigueur. L'espèce diminue en quantité à mesure qu'on s'avance vers le nord. Quoique l'âne soit un animal très-robuste qui s'accommode de tous les climats et de tous les régimes, cependant il paraît mieux se reproduire dans une zone chaude ou tempérée. En France, par département moyen, on compte 5,000 individus environ de l'espèce asine; les départements qui dépassent ce chiffre sont la Dordogne, les Bouches-du-Rhône, le Var, l'Aude, où le chiffre s'élève de 15 à 17,000 têtes; les existences sont proportionnellement aussi nombreuses dans les Basses et Hautes-Alpes, les Pyrénées-Orientales. La petite culture et la culture vigneronne ont également beaucoup multiplié l'espèce asine dans les départements d'Indre-et-Loire, de l'Yonne, de la Marne, de Seine-et-Marne, Seine-et-Oise, où le chiffre s'élève de 10,000 à 15,000 par département; c'est dans la Lorraine et l'Alsace qu'elle est réduite au chiffre le plus minime.

Anatomiquement, l'âne ressemble complétement, à la taille et à certaines proportions près, au cheval, type de son genre. Pour l'extérieur, les différences principales sont : *tête* plus forte, *oreilles* beaucoup plus longues et plus velues, bout du nez moins fin, *encolure* plus grêle, peu de crins, *garrot* moins sorti, *dos* plus droit et plus tranchant, *croupe* plus étroite, queue pourvue de crins seulement à son extrémité, fesses et cuisses moins charnues, *poitrail* plus étroit, membres en général moins musculeux et plus droits, mais forts et à tendons solides. L'âne est bas du devant et a les épaules peu saillantes, ce qui force le cavalier à se reporter un peu en arrière. Les membres postérieurs sont dépourvus de châtaigne, les genoux sont souvent gros, les pieds plus étroits et pinçarts, mais très-sûrs; la corne est dure, le pelage uniforme, variant du gris-souris au cendré-brun, blanchâtre à la face interne des membres; sur le dos, bande plus foncée, coupée par une raie transversale partant du garrot, cuir très-dense. L'âne a le tempérament plus sec et plus sanguin que le cheval, plus de rusticité, de sobriété, et peut-être plus d'intelligence, quand il n'a pas été abruti par les mauvais traitements; il a une grande vigueur de reproduction; sa longévité est remarquable; il travaille dès l'âge de dix-huit mois et peut vivre 20 à 25 ans. Le mâle porte le nom de *baudet*, la femelle celui d'*ânesse;* l'ânesse, un peu plus petite que l'âne, est plus douce et plus docile.

La France possède les ânes de plus grande taille; on peut en distinguer deux races principales : celle du *Poitou* et celle de la *Gascogne;* les premiers de 1m 45 à 1m 55, corps étoffé, tête grosse, oreilles grandes, encolure forte, poitrail assez large, membres très-forts et volumineux, poils longs, frisés à la tête, pelage noir touffu, quelquefois d'un gris rougeâtre, sale, avec ou sans raie cruciale. Cette race se trouve dans la Vendée, les Deux-Sèvres, la Charente, et remonte vers l'Anjou et la Touraine. La race de Gascogne, un peu plus élevée, 1m55 à 1m60, est plus élancée, mais plus grêle de formes; elle occupe tout le sud-ouest; elle paraîtrait, du reste, prendre comme la première son origine dans des importations d'Espagne.

SECTION II. — ÉLEVAGE, RÉGIME, UTILISATION.

Quoique l'âne soit un animal très-robuste, l'élevage n'en réussit cependant pas partout; l'ânesse retient plus difficilement que la jument et est plus sujette à l'avortement, et lorsqu'elle a avorté plusieurs fois, elle reste presque toujours stérile. L'ânesse qu'on destine à la reproduction exige beaucoup de soin, surtout dans le jeune âge; on la nourrit bien, on ne la soumet pas à des travaux pénibles. Ce n'est que vers 3 ans qu'on la livre au mâle; elle peut continuer à porter chaque année jusqu'à 12 ou 15 ans, mais, pour la ménager, on ne la fait souvent porter que de deux années l'une. Ses chaleurs se développent au mois d'avril et se renouvellent pendant plusieurs mois, si la nature n'a pas été satisfaite. On fait saillir en mai ou juin. L'ânesse porte un plus long temps que la jument, de 305 à 391 jours, moyenne 348. On redouble d'attention pendant la gestation; on ne la laisse plus approcher du mâle; elle doit paître librement dans une pâture bonne, mais saine, ou recevoir à l'écurie une alimentation convenable. Il est surtout essentiel de rechercher chez l'ânesse qu'on veut faire produire l'ampleur du bassin et les dispositions laitières. On évite qu'elle pâture par la rosée ou la gelée blanche, qu'elle boive des eaux trop froides; du reste, les précautions pendant la gestation et pour le part sont absolument les mêmes que celles décrites pour la jument. Le jeune ânon réclame également des soins attentifs.

Si les individus livrés à la production mulassière ou les ânesses laitières réclament des soins particuliers, l'âne, livré aux travaux ordinaires de la petite culture, est le moins exigeant de tous les animaux ; un peu de foin en hiver, des herbes grossières et inutiles, les chardons, la bardane, l'arrête-bœuf même, sont mangées par lui ; le vigneron nourrit son âne avec les plantes arrachées dans le sarclage et le produit de ses ébourgeonnements; l'hiver même il lui donne, outre de la paille, de jeunes sarments secs. L'âne peut plus longtemps que le cheval supporter la soif; on ne doit pas oublier cependant que sa nourriture doit être proportionnée au travail qu'on en veut retirer; du reste, il est rare que le travail de l'âne soit très-régulier. Le pansage et les soins de propreté sont fort négligés en France pour l'espèce asine; cependant ils seraient aussi utiles à l'âne qu'au cheval.

L'âne, en général, est utilisé comme un animal de travail; le baudet comme reproducteur de la race mulassière ; l'ânesse est encore employée comme laitière. Les rapports d'utilisation de l'âne sont à peu près les mêmes que ceux du mulet ; ce dernier exige seulement des propriétaires un prix plus élevé d'achat, une nourriture un peu meilleure; mais, proportionnellement, il rend plus de services. Nous renvoyons donc à l'utilisation du mulet.

Comme laitière, l'ânesse est très-employée dans le Midi, et même dans quelques grandes villes plus au nord. Les nourrisseurs de Paris en tirent un excellent parti, le prix de ce lait étant beaucoup plus élevé que celui de vache : il est d'environ 50 centimes le litre. Il est rare qu'une ânesse donne, pendant huit mois environ que se prolonge la lactation, plus de deux à trois litres par jour. L'ânon est conservé pendant quelque temps près de la mère, afin que celle-ci ne lui refuse pas son lait ; on doit donner nécessairement à celui-ci un supplément en lait de vache jusqu'au sevrage.

CHAPITRE II. — MULET.

SECTION I. — EXTÉRIEUR.

L'accouplement de l'âne et de la jument donne lieu à un produit qui prend le nom de mulet ou de mule, suivant son sexe ; celui du cheval et de l'ânesse, beaucoup plus rare, donne le *bardot*, qui se distingue du premier par des différences assez sensibles. Le mulet a une taille variable qui descend quelquefois au niveau de celle de l'âne, mais atteint dans certaines contrées celle du cheval. Sa tête est grosse, courte ; les oreilles longues, moins cependant que celles de l'âne ; les naseaux peu ouverts, l'encolure assez mince, droite, quelquefois rouée ; le garrot un peu bas, le poitrail proportionnellement étroit, les côtes plus plates et le dos plus tranchant que le cheval, et parfois convexe ; la croupe, plus large dans la mule, est un peu étroite et avalée dans le mulet ; la queue est garnie de crins, mais peu fournie ; les membres sont fortement établis, secs et tendineux, mais l'avant-bras un peu grêle, les canons longs ; les articulations sont larges ; le pied, comme celui de l'âne, est un peu étroit. Le pelage du mulet est très-varié ; on en trouve de gris, de bai, d'isabelle, avec ou sans raie cruciale, mais la couleur dominante est marron foncé. Le mulet participe des qualités et des défauts de l'âne ; il est robuste, sobre, dur à la fatigue, mais souvent peu docile, entêté, vindicatif. Plus alerte et plus fort que l'âne, il est appelé à rendre plus de services ; sa voix, qu'il fait rarement entendre, est sourde et se rapproche un peu du hennissement du cheval. Le mulet est infécond, quoiqu'il manifeste souvent des désirs ; ces ardeurs le rendent même rétif et dangereux et nécessitent la castration. La mule est moins forte et dure moins longtemps que le mulet, mais elle est plus douce et plus docile ; ses formes sont généralement plus développées, plus rondes et plus gracieuses ; ces qualités lui assurent une valeur plus élevée d'un tiers environ sur les marchés. La mule est également inféconde ; cependant, on cite des cas, extrêmement rares il est vrai, de production par des mules. La taille du mulet est plus ou moins élevée, suivant les contrées. L'arrondissement de Melle produit les plus beaux, sous le nom de mulets du Poitou. Le Midi et une partie de l'Auvergne se livrent également à l'élève du mulet ; mais les produits sont beaucoup moins étoffés, ce qui tient évidemment à deux causes : l'emploi de reproducteurs généralement plus petits, et le régime moins abondant des élèves et des reproducteurs eux-mêmes. La taille diminue déjà dans la Vienne, les Charentes, la Gascogne ; mais les animaux des contrées plus arides du sud-est et du sud-ouest sont peut-être plus sobres, plus rustiques. Les départements où les mulets sont en plus grand nombre que les chevaux sont tous ceux du sud-est : le Gard, le Var, le Vaucluse, les Hautes et Basses-Alpes, l'Ardèche, la Drôme ; il faut y joindre l'Hérault ; l'espèce est encore très-répandue dans les Pyrénées, le Tarn, la Dordogne.

Les beautés de conformation du mulet sont en général celles déjà indiquées pour le cheval : une tête pas trop lourde et portée haute, une encolure pyramidale même un peu rouée, suffisamment garnie de crinière ; le garrot un peu sorti, le dos pas trop voussé ni trop tranchant, bien garni de masses musculaires ainsi que les reins et la croupe ; un poitrail relativement large, des côtes arrondies, des cuisses et des épaules musculeuses, des jarrets larges ainsi que les articulations, les canons forts. On aime chez les jeunes animaux de longs poils à la partie inférieure du corps ; les Espagnols préfèrent les mules plus étoffées ; les animaux plus légers sont achetés par le Languedoc.

SECTION II. — ÉLEVAGE.

Le choix des reproducteurs doit être fait avec le plus grand soin. Un bel étalon baudet est un animal rare et cher ; les animaux hors ligne se vendent de 4 à 6,000 fr., mais le prix moyen dépasse peu 3,000 fr. Les plus beaux sont ceux du Poitou ; l'Espagne et le Piémont possèdent également de bons types ; un climat tempéré, mais sec, et un sol calcaire paraissent favorables à l'élevage des baudets. Le haut prix des baudets tient à ce que l'élevage en est peu étendu et qu'il réussit avec peine ; ce qu'on a dit plus haut de ces difficultés est surtout applicable à l'élevage du baudet étalon. La mère, et plus tard l'ânon, reçoivent des soins assidus qui ne préviennent pas toujours l'avortement assez fréquent de l'ânesse et la mort du jeune dans le premier âge. Les qualités qu'on demande à un baudet sont : des formes trapues, des membres forts, des genoux et des jarrets larges, un cou fort, un poitrail, des reins et une croupe larges, le système musculaire développé, des oreilles longues dont le poil tombe en *cadenettes*, des yeux saillants et vifs ; un poil long et fourni sont encore des qualités auxquelles on attache de l'importance ; ajoutons à ces conditions les qualités d'un bon reproducteur : les organes générateurs développés et bien conformés, de la vigueur, et l'absence de tares héréditaires, de la fluxion périodique surtout.

Le baudet est peu docile, mais ne mérite pas cependant la réputation de férocité qu'on lui a faite. La jument livrée au baudet doit réunir des qualités particulières, qui en font jusqu'à un certain point un race qu'on nomme mulassière. Les caractères de cette race sont : des formes massives, le ventre volumineux, le rein plus tôt ensellé que trop droit, le bassin large, l'encolure forte, la tête carrée, les pieds plats, les membres forts, chargés d'épais fanons qu'on appelle vulgairement en Poitou des *moustaches;* les jarrets bas, une constitution plutôt lymphatique que nerveuse. On voit que ces qualités sont précisément opposées aux défauts de conformation du baudet, et sont destinées à contrebalancer l'influence de la croupe et du poitrail un peu serrés de l'âne, de ses membres un peu minces, de son pied encastellé, de sa constitution sèche et nerveuse, etc. Une jument peu étoffée à membres fins, à sabot étroit à encolure grêle, donnerait des produits dans lesquels domineraient les défauts du père. On conserve dans le Poitou des étalons dits mulassiers, destinés à reproduire la jument telle que l'exige l'industrie à laquelle on les destine.

Les baudets sont répartis en stations appelées ateliers, qui en réunissent 4 à 5 au plus. Le même propriétaire tient souvent 2 ou 3 chevaux étalons, dont un boute-en-train, et autant d'ânesses; dans d'autres localités, on a seulement 2 ou 3 baudets. L'installation d'un atelier est fort simple : elle consiste en une grange ou un simple bâtiment; on établit sur l'un des côtés à l'intérieur un rang de cellules en planches, de 3 mètres sur chaque face, non fermées par le haut, avec une porte ouvrant sur le reste de la grange, qui forme alors un vaste corridor où on peut déposer les fourrages. Une petite lucarne pratiquée dans la porte même ou à côté permet de voir dans l'intérieur. Le baudet est libre dans cette boxe garnie d'un petit râtelier; il porte seulement un licol de cuir auquel on fixe une longe; quand on veut le faire saillir, on y ajoute une bride pour mieux le maintenir. Le baudet reçoit peu de soins de pansage, on ne le ferre jamais, on rogne de temps en temps la corne des pieds, qu'on laisse toujours fort épaisse. On dispose ordinairement près de l'atelier une place pour la saillie; c'est un petit espace un peu en contrebas où on place les juments à taille trop élevée; deux petites barrières parallèles, écartées de 1m50 environ, protégent deux côtés. On peut offrir à la saillie de chaque baudet de 50 à 80 juments, qui sont saillies plus de 3 fois pendant la saison, qui dure d'avril à juillet. Chaque baudet fait par jour 5 à 6 saillies, qu'on nomme *brûlées* dans le Poitou; un baudet étalon peut durer jusqu'à 20 et 25 ans. Le prix par jument est de 10 à 15 fr., plus un pourboire de 60 centimes.

Lorsque la jument refuse l'approche du baudet, on laisse venir près d'elle un cheval boute-en train qui ne saillit pas, mais qui sert à vérifier les dispositions de la femelle. On est quelquefois également forcé de présenter une ânesse au baudet pour le mettre en train ; on la retire pour y substituer la jument; enfin le service souvent forcé auquel on soumet le baudet exige qu'on l'excite par divers moyens : quelques caresses au-dessous du ventre, et principalement une espèce de chant particulier, ce qui s'appelle *trelander*. Le baudet reçoit 3 à 4 kilog. de foin, en multipliant les repas, afin d'éviter que l'animal ne souffle sur le fourrage et ne s'en dégoûte; pendant la monte, il reçoit en sus 2 à 3 litres d'avoine et un demi-litre à chaque saillie. La jument poulinière vit l'été à l'herbage, elle est nourrie l'hiver au foin à l'écurie ; le son, le pain sont ajoutés quelquefois à sa nourriture au moment de la gestation.

La jument saillie par le mulet porte 11 mois environ ; les soins à lui donner pendant la gestation et lors du part sont les mêmes que dans la production du cheval. Dans le premier âge, la *mulasse* (on nomme ainsi les produits de l'un ou l'autre sexe) tette jusqu'à 6 ou 7 mois et va au paturage avec la mère. On commence déjà à faire travailler légèrement les jeunes animaux à 1 an pour les dresser; leur nouriture consiste exclusivement en foin, pailles et balles; dans le sud, la paille y entre en plus grande partie. L'élevage de la mulasse se partage, comme celui du cheval, en plusieurs périodes. On vend beaucoup de jeunes mules vers 1 an sous le nom de *jetons* ou jetonnes (en Poitou); d'autres sont vendues à 2 ans sous le nom de *doublons* ou doublonnes ; les mulets sont ainsi l'objet de transactions assez nombreuses tant qu'ils sont mulets de *marque*, c'est-à-dire qu'on peut reconnaître l'âge aux dents. Les signes de l'âge par les dents, après 7 ans surtout, présentent chez l'âne et le mulet moins de régularité que chez le cheval, le cornet dentaire s'efface plus tard; en général, les indications tirées de la biangularité ou de la triangularité des dents sont plus tardives, ce qui tient sans doute à une plus grande dureté du tissu dentaire. On castre ordinairement le mulet de 15 mois à 2 ans. La mulasse est en général assez mal nourrie et mal soignée; ce n'est qu'alors qu'on veut la préparer à la vente qu'on lui donne un peu de grains et de farineux. Quoique le mulet soit un animal robuste, un régime aussi négligé peut cependant être la cause de maladies inflammatoires qui l'atteignent quelquefois ; la fluxion périodique est une maladie aussi commune chez la mulasse que chez le cheval ; il se manifeste assez souvent à la sole du mulet des *fics* ou *poireaux;* la paroi du pied présente aussi accidentellement des gerçures connues sous le nom de mal d'âne ; enfin, la loupe au coude, désignée sous le nom d'éponges, est assez fréquente chez le mulet.

SECTION III. — UTILISATION DU MULET.

Le mulet est employé comme animal de trait, quelquefois de selle, et très-souvent de bât; il convient essentiellement aux pays de montagne, en raison de la sûreté de sa marche et de sa sobriété. Les *harnais* du bât prennent, suivant les localités, des formes assez diverses; le plus simple est la *bâtine*, formée de deux coussins allongés reliés par leurs extrémités; chacun d'eux s'appuie sur l'un des côtés de l'échine de l'animal; un vide laissé entre eux correspond à l'épine du dos; cette *bâtine* sert à poser des sacs ou des fardeaux peu pesants. Le *bât* proprement dit, qu'on distingue, suivant sa forme, en bât français et bât d'Auvergne ou à mulet, se compose en général, comme l'indique la figure 134, d'un fût ou arçon nommé la *selle* et d'un panneau appelé *forme;* la selle se termine en avant et en arrière par deux *courbes*, planchettes de forme ogivale dont une est vue de face, fig. 135. Ces courbes en saillie sur la selle reçoivent, à leur partie supérieure, deux forts crochets destinés à fixer les parties accessoires du bat; sur leurs bords sont des boucles pour les courroies qui doivent fixer la charge. Le bât est assujetti par une sangle, fig. 136, qui passe sous le ventre, une autre sous le poitrail, et une troisième appelée fessière, qui embrasse la partie postérieure de l'animal; suivant les divers objets dont on veut charger le mulet, on annexe au bât des crochets, des paniers ou des échelettes.

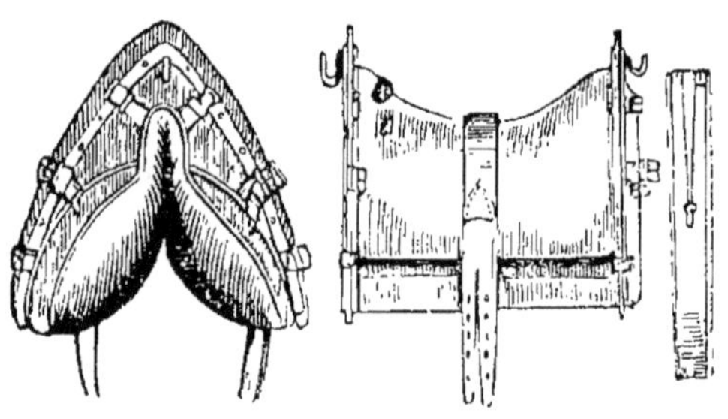

Fig. 134. Fig. 135. Fig. 136.

La ferrure du mulet est en général analogue à celle du cheval; cependant, on emploie quelquefois dans les pays rocailleux des fers en forme de croissant relevé et débordant en pince le sabot de 2 à 3 centimètres. Ce fer a pour but d'empêcher l'animal de se prendre les pieds et de butter, mais il rend sa marche moins sûre et l'expose à se déferrer.

M. de Gasparin estime qu'un cheval de bât peut porter par jour, à une distance de 28 kilomètres, la moitié de son poids, et que l'âne et le mulet dans les mêmes conditions portent les 2/3 de leur poids. Le pied plus étroit et en même temps plus sûr du mulet, le rend très-propre au service du bât dans les chemins étroits et rocailleux, escarpés; son aptitude à supporter les chaleurs et sa sobriété le prédestinent également aux contrées les plus chaudes et les moins riches en pâtures; dans ces contrées, le prix de revient du travail du mulet est évidemment inférieur à celui du cheval. Comme bête de trait, il convient aux services qui exigent un travail continu et régulier, le roulage, la traction d'un manége, le labour. Si une couple de chevaux laboure dans le Midi 33 ares, une couple de mules en laboure 28 à 30.

TABLE DES MATIÈRES

CHEVAL, ANE ET MULET

CHEVAL

ESPÈCE ASINE

EXTRAIT DU CATALOGUE DE LA LIBRAIRIE AGRICOLE

JOURNAL D'AGRICULTURE PRATIQUE. Rédacteur en chef, M. E. LECOUTEUX. — Une livraison de 48 pages in-4, paraissant tous les jeudis, avec de nombreuses gravures noires. — Un an (France et Algérie). . . . . . . 20 »

REVUE HORTICOLE. Rédacteur en chef, M. E.-A. CARRIÈRE. — Un numéro de 24 pages in-4, avec gravure coloriée et gravures noires, paraissant les 1er et les 16 de chaque mois. — Un an. . . . . . . 20 »

BON FERMIER (Le), par BARRAL et pour les nouveautés agricoles de l'année, par MM. ALLIX, DE CÉRIS, GAYOT, GRANDEAU, GRANDVOINNET, HEUZÉ, LIÉBERT, EUG. MARIE, RAMPON-LECHIN et RONNA. 1 vol. in-12 de 1,448 pages et 100 gravures. . . . . . 7 »

BON JARDINIER (Le), almanach horticole, par MM. POITEAU, VILMORIN, BAILLY, NAUDIN, NEUMANN, PÉPIN. 1 vol. in-12 de 1,616 pages. . . . . . . 7 »

BIBLIOTHÈQUE DU CULTIVATEUR, publiée avec le concours du Ministre de l'Agriculture.

36 VOLUMES IN-18, A 1 FR. 25 LE VOLUME

Agriculteur commençant (Manuel de l'), par SCHWERZ, traduit par VILLEROY. 5e édition, 332 pages.
Animaux domestiques, par LEFOUR. 1 vol. in-18 de 162 pages et 57 gravures.
Basse-cour, pigeons et lapins, par madame MILLET-ROBINET. 5e édition, 180 pages, 31 gravures.
Bêtes à cornes (Manuel de l'éleveur de), par VILLEROY. 300 pages et 60 gravures.
Calendrier du métayer, par DAMOURETTE. 180 pages.
Champs et prés (Les), par JOIGNEAUX. 140 pages.
Cheval (Achat du), par GAYOT. 1 vol. de 180 pages et 25 gravures.
Cheval, âne et mulet, par LEFOUR. 1 vol. de 176 pages et 141 gravures.
Cheval percheron, par DU HAYS. 176 pages.
Choux (Culture et emploi du), par JOIGNEAUX. 1 vol. in-18 de 180 pages et 14 gravures.
Comptabilité et géométrie agricoles, par LEFOUR. 216 pages et 104 gravures.
Constructions et mécaniques agricoles, par LEFOUR. 211 pages et 151 gravures.
Cuisine (La) de la ferme, par madame MICHAUX. 180 pages.
Culture générale et instruments aratoires, par LEFOUR. 1 vol. in-18 de 160 pages et 135 gravures.
Économie domestique, par madame Millet-Robinet. 5e édition, 245 pages et 78 gravures.
Engraissement du bœuf, par VIAL. 1 vol. in-18 de 100 pages et 12 gravures.
Ferme, e (estimation, plan d'amélioration, baux), par DE GASPARIN, membre de l'Institut, ancien ministre de l'agriculture. 3e édition, 176 pages.
Fumiers de ferme et composts, par FOUQUET. 2e édition, 216 pages et 19 gravures.
Fumures et des étendues de fourrages (Les formules des), par GUSTAVE HEUZÉ. 2e édition, 68 pages.
Houblon, par ERATH, traduit par NICKLÈS. 136 pages et 22 gravures.
Lièvres, lapins et léporides, par EUGÈNE GAYOT. 216 pages, 15 gravures.
Maréchalerie ou **Ferrure des animaux domestiques**, par SANSON. 1 vol. de 180 p. et 27 gravures.
Médecine vétérinaire (Notions usuelles de), par SANSON. 1 vol. de 180 pages et 13 grav.
Métayage, par DE GASPARIN. 2e édition, 162 pages.
Moutons (Les), par A. SANSON. 1 vol. in-18 de 180 pages et 56 gravures.
Noyer (Le), sa culture, par HUARD DU PLESSIS. 2e édition. 1 vol. in-18 de 175 pages et 45 grav.
Olivier (L'), par RIONDET. 1 vol. de 139 pages.
Pigeons, les oies et les canards (Les), par G. PELLETAN. 180 pages et 21 gravures.
Plantes oléagineuses, par G. HEUZÉ. 1 vol. de 150 pages avec gravures.
Plantes racines, par LEDOCTE. 1 vol. de 230 pages et 24 gravures.
Poules et œufs, par E. GAYOT. 1 vol. de 208 pages et 35 gravures.
Races bovines, par DAMPIERRE. 2e édition. 196 pages et 28 gravures.
Sol et engrais, par LEFOUR. 180 pages et 54 gravures.
Tabac (Le), moyens d'améliorer sa culture, par SCHLŒSING et GRANDEAU. 1 vol. avec tableaux.
Travaux des champs, par VICTOR BORIE. 188 pages et 121 gravures.
Vaches laitières (Choix des), par MAGNE. 140 pages et 39 gravures.

PARIS. — IMP. SIMON RAÇON ET COMP., RUE D'ERFURTH, 1.

www.ingramcontent.com/pod-product-compliance
Ingram Content Group UK Ltd.
Pitfield, Milton Keynes, MK11 3LW, UK
UKHW020141200726
13856UKWH00003B/797

9 782011 929969